讲案例学技能

U0158967

互感器故障检测与处理

主编 李鑫 副主编 刘兴华 吕学宾

中国电力出版社
CHINA ELECTRIC POWER PRESS

内 容 提 要

本书从 220kV 及以下的互感器运行维护工作中选取了 32 个典型的故障案例进行分析与处理，按照故障类型可分为互感器例行试验异常典型案例、互感器发热异常典型案例、互感器二次侧检测异常典型案例、互感器油务试验异常典型案例，每个案例包括故障经过、检测分析方法、隐患处理情况、经验体会等内容。

本书可作为从事 220kV 及以下互感器运行维护工作的人员参考用书。

图书在版编目（CIP）数据

互感器故障检测与处理典型案例 / 李鑫主编. —北京：中国电力出版社，2020.6
（讲案例学技能）
ISBN 978-7-5198-4535-3

Ⅰ. ①互… Ⅱ. ①李… Ⅲ. ①电压互感器–故障检测–案例 Ⅳ. ①TM451.07

中国版本图书馆 CIP 数据核字（2020）第 050895 号

出版发行：中国电力出版社
地　　址：北京市东城区北京站西街 19 号（邮政编码 100005）
网　　址：http://www.cepp.sgcc.com.cn
责任编辑：马淑范（010-63412397）
责任校对：黄　蓓　常燕昆
装帧设计：张俊霞
责任印制：杨晓东

印　　刷：三河市航远印刷有限公司
版　　次：2020 年 6 月第一版
印　　次：2020 年 6 月北京第一次印刷
开　　本：710 毫米×1000 毫米　16 开本
印　　张：9.5
字　　数：174 千字
印　　数：0001—3000 册
定　　价：60.00 元

本书编写工作组

主　　编	李　鑫
副 主 编	刘兴华　　吕学宾
编写人员	慈文斌　　张雅娣　　刘　林　　姜　腾
	谢同平　　赵庆胜　　李　飞　　苏小平
	姜晓东　　乔　恒　　韩　旭　　孙　鹏
	刘　逸　　何　腾　　于　洋　　李海涛
	梁　奎　　洪　福　　潘富杰　　王百舜
	张新禄　　张桂铖　　张文昊　　姚树汾
	徐丽丽　　孙竟成　　冯照飞　　陶　超
	李　豪
技术顾问	王振河　　陈　静　　高舜安　　杨　帆
	邵　进　　孙　杨　　牛　林　　肖汉光
	姚德贵　　蔡从中

　　互感器作为电力系统中重要的电气设备之一，对电网的安全可靠运行至关重要。随着电网建设的飞速进步，其重要性日益突出，为提高对互感器故障的处理及分析能力，特编写本书。

　　本书详实阐述了 220kV 及以下互感器故障案例的故障经过、检测分析方法、隐患处理情况以及经验体会。本书从大量的互感器故障、异常案例出发，详细介绍了发现问题的检测方法及手段，分析整个过程，提供处理方法；在此基础上，加入了带电检测等新型先进检测方法，结合例行试验诊断分析，综合数据融合，分析互感器的健康状况，并提出行之有效的处理措施。

　　由于时间仓促，加之编者水平有限，书中错误和不足之处在所难免，敬请专业同行和专家给予批评指正。

编　者

2019 年 6 月

第一篇　互感器例行试验异常典型案例

案例一 110kV 母线电压互感器接地不良导致介损超标检测分析

1 案例经过

110kV 某变电站 110kV 甲母线电压互感器 A 相为某变压器有限公司生产，型号为 JCC1m-110，绝缘方式为油浸，结构形式为电磁式，出厂序号为 1Y007-12，出厂日期为 1990 年 2 月，于 1992 年 12 月投运。2016 年 5 月 7 日 10 时左右，某供电公司对计划停电后的 1 号主变压器系统进行例行试验时发现，在该相电压互感器的绕组绝缘介质损耗因数测量中，介质损耗因数为 4.6%，明显超标。为了查明原因，对该电压互感器进行了 3 次重复测试，结果均超出 2% 的注意值。在故障排查中发现，该电压互感器外壳底座与其水泥柱接地钢支撑件之间采用 4 根螺栓固定连接，自 1992 年投运以来，长期暴露于室外，底座、固定螺栓及水泥柱接地钢支撑件均锈蚀严重，导致电压互感器与其金属外壳连接的二次 X 端子和接地钢排之间接触不良，造成绕组绝缘介质损耗因数明显超出注意值。

查明原因后，变电检修室制定了故障消除方案，即在电压互感器外壳底座与水泥柱接地钢支撑件充分除锈后，加装专用接地线。现场检查发现，其他电压互感器也不同程度地存在此类问题，决定对其余两相均采取上述措施。接地措施完成后，重新进行绕组绝缘介质损耗因数测量，结果为 0.324%，完全在规程规定的注意值范围之内。110kV 某变电站是某市城阳区的一座枢纽变电站，由于缺陷发现并处理及时，避免了露天的电压互感器因接地不良导致二次侧上传数据不准造成的调度指令下达不准等问题。

2 检测分析方法

（1）绕组绝缘介质损耗因数测量中发现问题。2016 年 5 月 7 日上午 10 时，电气试验班采用 AI-6000K 型绝缘介质损耗因数测试仪对 110kV 某变电站 110kV 甲母线 A 相电压互感器进行绕组绝缘介质损耗因数测量中发现，电容值为 17.86pF，而介质损耗因数高达 4.6%，明显大于 Q/GDW 1168—2013《输变电设备状态检修试验规程》表 14 中电磁式电压互感器绕组绝缘介质损耗因数（20℃）2% 的注意值（串级式）。在线路复查无异常后，重新进行了测量，结果见表 1-1。多次复测结果差距较大，不稳定，不符合规程要求，因此，怀疑该电压互感器存在缺陷。

表 1–1　　　　　　　　　甲母线 A 相电压互感器测试结果

测量次序	电容值（pF）	介质损耗因数 tanδ（%）
第一次	17.86	4.6
第二次	17.84	5.1
第三次	17.86	6.2

（2）油中溶解气体色谱分析排除设备内部缺陷。随后，提取了甲母线 A、B、C 三相电压互感器的油样，进行了油中溶解气体色谱分析试验，分析结果见表 1–2。油中溶解气体色谱分析结果表明，甲母线三相电压互感器油样各项指标均符合 Q/GDW 1168—2013《输变电设备状态检修试验规程》表 14 中规定的注意值，均无乙炔气体成分出现，推测设备内部应无局部放电问题。

表 1–2　　　　　　甲母线三相电压互感器油中溶解气体分析结果　　　　　　μL/L

相别	H_2	CO	CO_2	CH_4	C_2H_4	C_2H_6	C_2H_2	总烃
A 相	6.7	140	1297	74.5	0.4	12.2	0	87
B 相	5.7	246.7	1587	49.5	4.6	10.2	0	64.3
C 相	8.1	223.9	1418	60.6	0.5	9.7	0	70.8

（3）采用万用表测量接地回路电阻确定故障类型。为了查明故障类型，采用 FLUKE177 型万用表测量了甲母线 A 相电压互感器自 X 接地端子至绝缘介质损耗因数测试仪接地端的电阻。发现其电阻值在 100Ω 以上，明显偏大，并且不稳定。为了判断是否是该接地回路接触不良造成的故障，试验人员采用专用接地线自电压互感器 X 接地端子直接连接至绝缘介质损耗因数测试仪的接地端，重新进行了 A 相电压互感器的绕组绝缘介质损耗因数测量。此时测得的介质损耗因数为 0.334%，电容值为 17.85pF。两次测试结果比对表明，介质损耗因数明显偏离规程注意值的原因是该电压互感器本体金属外壳与其水泥柱接地钢支撑件因锈蚀严重造成接地不良。

（4）缺陷情况及原因分析。绕组绝缘介质损耗因数测量中需要回路接触良好，利用仪器自身输出的 10kV 交流高压施加于电压互感器的高压连接排，自短接的二次端子连接仪器的测量端进行测量。由于测试过程中，接地回路接触不良造成绕组绝缘介质损耗因数远超规程中的注意值。进一步查找原因，发现电压互感器金属外壳与水泥柱接地钢支撑件因锈蚀严重而造成接触不良的缺陷。为避免事态进一步恶化，电气试验班在发现该电压互感器接地回路接触不良的缺陷后，立即联系现场负责人，汇报试验情况。甲母线电压互感器锈蚀缺陷如图 1–1 所示。

(a)   (b)

图 1-1　甲母线电压互感器锈蚀缺陷

（a）甲母线电压互感器全景；（b）锈蚀局部放大图

3　隐患处理情况

2016 年 5 月 7 日 13 时，变电检修室立即制定并实施了相应的改进措施：① 由变电检修一班组织人员立即对锈蚀台面进行除锈；② 对除锈后的电压互感器底座与水泥柱接地钢支撑件支架加装专用连接地线，确保两者可靠连接，如图 1-2 所示。16 时，变电检修一班完成上述措施后，电气试验班重新对甲母线三相电压互感器进行了绕组绝缘介质损耗因数测量。三相数值均在规定的范围内，见表 1-3。

表 1-3　　　　　　　　　甲母线电压互感器测试结果

测量相序	电容值（pF）	介质损耗因数 $\tan\delta$（%）
A 相	17.89	0.324
B 相	17.44	0.364
C 相	14.99	0.293

图 1-2　现场维修处理

4

4　经验体会

（1）母线电压互感器监视母线的电压及绝缘状态，为保护、自动化装置、仪表等设备提供电压回路，对于保障变电站设备的正常运行具有不可替代的作用。利用绝缘介质损耗因数测试仪测量其介质损耗因数发现存在的隐患，并通过油中溶解气体色谱分析试验排除电压互感器内部存在局部放电的可能，采用万用表测量接地回路最终确定其接触不良。接触不良的直接原因是电压互感器钢质底座与其钢支撑件支架锈蚀严重，造成其底座与钢支撑件支架电气接触不良，同时又无专用接地线确保电压互感器外壳与变电站接地桩可靠连接。在检修试验过程中应着重关注以上细微的地方，确保变电设备运行稳定。

（2）发现问题时，应逐项排查问题原因，各项目相互结合进行，找出问题点并及时上报负责人，讨论处理措施。发现问题后，各班组应在现场负责人的安排下相互配合，迅速处理问题，保障电网正常供电。

案例二 220kV 某 I 线电流互感器试验不合格检测分析

1 案例经过

某供电公司 220kV 某变电站 220kV 某 I 线电流互感器于 2005 年 8 月投运，型号为 LCWB7-220W2，上一次停电例行试验为 2013 年 9 月。

2016 年 4 月 11 日，变电检修室工作人员在对 220kV 某变电站 220kV 某 I 线进行停电例行试验时，发现介质损耗明显增长，同时进行油中溶解气体色谱分析试验，某 I 线氢气增长，超过注意值，且 B、C 相中出现乙炔。工作人员对此电流互感器进行高压介质损耗测量。通过高压介质损耗测得的数值，某 I 线 B 相电流互感器介质损耗随电压增大而有增大趋势，判断该电流互感器内部应有绝缘老化或者放电现象。

因为电流互感器油中溶解气体色谱分析试验不合格，且出现乙炔，变电检修室决定对该组电流互感器进行更换。2016 年 4 月 20～22 日，变电检修室变电检修一班对原有电流互感器进行了更换，电气试验一班进行了交接试验，各项试验合格。

2 检测分析方法

（1）电气试验。根据 Q/GDW 1168—2013《输变电设备状态检修试验规程》，在电流互感器例行试验项目中，一次绕组绝缘电阻应大于 3000MΩ，或与上次测量值相比无显著变化；接地末屏（简称末屏）对地的绝缘电阻大于 1000MΩ；电容量初值差不超过±5%（警示值）；介质损耗因数 $\tan\delta$（%）≤0.8（注意值），见表 2-1。

表 2-1　　　　　　　某 I 线电流互感器电气试验结果

试验日期		2013 年 9 月 17 日			2016 年 4 月 11 日		
相别		A	B	C	A	B	C
绝缘电阻	一次对二次及地（MΩ）	10 000	10 000	10 000	10 000	10 000	10 000
	末屏（MΩ）	10 000	10 000	10 000	10 000	10 000	10 000
介质损耗因数及电容量	电容量初值（pF）	934.5	925.2	910.8	934.5	925.2	910.8

续表

试验日期		2013 年 9 月 17 日			2016 年 4 月 11 日		
相别		A	B	C	A	B	C
介质损耗因数及电容量	电容量实测值（pF）	937.1	925.8	913.6	932	921.4	909.3
	$\tan\delta$（%）	0.275	0.280	0.265	0.278	0.360	0.305
	电容量初值差（%）	0.28	0.06	0.31	−0.27	−0.41	−0.16

　　根据试验结果，结合历史试验记录，某Ⅰ线电流互感器 B 相介质损耗因数增大明显（增长 28.6%），C 相也有一定增长（增长 15.1%），现场取油样后进行油中溶解气体色谱分析试验。

　　（2）油中溶解气体色谱分析试验。根据 Q/GDW 1168—2013《输变电设备状态检修试验规程》的规定，在进行电流互感器的油中溶解气体色谱分析试验时，要求油中溶解气体组分含量（μL/L）超过下列任一值时应引起注意：总烃，100；H_2，150；C_2H_2，1。

　　变电检修室试验班人员对某Ⅰ线电流互感器进行油中溶解气体色谱分析试验，得到如表 2-2 所示分析数据。

表 2-2　　　　　　　　220kV 某站某Ⅰ线电流互感器色谱　　　　　　　　　　μL/L

气体	H_2	CO	CO_2	CH_4	C_2H_4	C_2H_6	C_2H_2	总烃
A 相	550	191	512	42.1	0.89	2.0	0	45
B 相	608	189	442	30.7	0.91	1.6	0.56	33.8
C 相	565	351	511	19	0.98	1.6	0.42	22

　　历史数据（2013 年 9 月 17 日）见表 2-3。

表 2-3　　　　　　　　220kV 某站某Ⅰ线电流互感器色谱　　　　　　　　　　μL/L

气体	H_2	CO	CO_2	CH_4	C_2H_4	C_2H_6	C_2H_2	总烃
A 相	474	199	392	36.1	0.49	1.7	0	38.29
B 相	458	195	407	24.7	0.8	1.6	0	27.1
C 相	497	591	472	13.4	0.75	1.5	0	15.65

　　由表 2-2 和表 2-3 可知，某Ⅰ线氢气增长，且 B、C 相中出现乙炔。

　　为进一步判断设备状态，对某Ⅰ线 B 相电流互感器高压介质损耗因数进行测量。

（3）高压介质损耗因数（tanδ）测量。2016 年 4 月 15 日，对某 I 线 B 相电流互感器高压 tanδ 进行测量，如图 2−1 和表 2−4 所示。

图 2−1　电流互感器高压介质损耗因数测量

表 2−4　　　　　　　　　　高压介质损耗因数测量数据

序号	电压（kV）	频率（Hz）	电容量（pF）	介质损耗因数（%）
升压数据				
1	10	52	921.20	0.36
2	20	52	921.80	0.362
3	30	52	922.20	0.364
4	40	52	922.60	0.367
5	50	52	922.90	0.371
6	60	52	923.10	0.374
7	70	52	923.20	0.378
8	80	52	923.20	0.381
9	90	52	923.20	0.384
10	100	52	923.30	0.387
11	110	52	923.30	0.39

续表

序号	电压（kV）	频率（Hz）	电容量（pF）	介质损耗因数（%）
12	120	52	923.30	0.393
13	130	52	923.40	0.396
14	140	52	923.50	0.399
15	146	52	923.60	0.401
降压数据				
1	146	52	923.40	0.4
2	140	52	923.40	0.398
3	130	52	923.40	0.395
4	120	52	923.40	0.393
5	110	52	923.40	0.392
6	100	52	923.40	0.389
7	90	52	923.40	0.386
8	80	52	923.60	0.383
9	70	52	923.60	0.38
10	60	52	923.70	0.377
11	50	52	923.70	0.374
12	40	52	923.70	0.371
13	30	52	923.00	0.368
14	20	52	923.70	0.365
15	10	52	923.00	0.363
电容变化量	0.260%		介质损耗因数增量	+0.114%

由表 2-4 可知，某 I 线 B 相电流互感器介质损耗因数随电压增大均有增大趋势，但没有超过 0.15 的标准值。

因为电流互感器油中溶解气体色谱分析试验不合格，且出现乙炔，变电检修室决定对该组电流互感器进行更换。

3　隐患处理情况

2016 年 4 月 20～22 日，变电检修室变电检修一班对原有电流互感器进行了更换，更换的新电流互感器型号为 LVB-220W3，出厂时间为 2015 年 11 月，厂家为某互感器有限公司。

变电检修一班进行了交接试验，如图 2-2 所示；各项试验合格，如表 2-5 所示。

表2-5　　　　　　　　　　　　交 接 试 验 结 果

相别	A	B	C
电容量初值（pF）	265.1	273.4	277.6
电容量实测值（pF）	267.8	275.8	279.9
介质损耗因数（%）	0.205	0.205	0.209
末屏电容量（pF）	11 720	14 520	12 770
末屏介质损耗因数（%）	0.234	0.238	0.278
直阻（μΩ）	405	395	395
绝缘电阻（一次对二次及地、二次对地及二次之间）（Ω）	均 10 000		
耐压（kV/min）	368		

图2-2　电流互感器耐压照片

4　经验体会

（1）在进行例行试验时，试验结果要跟历史试验记录进行对比，发现数据有增大时，应及时分析并结合多种方法，判别设备状态，将隐患消灭在萌芽期。

（2）对于充油设备而言，开展油中溶解气体色谱分析试验对监测充油设备的运行状态，十分有效。一旦发现油中溶解气体数据存在异常，结合电气试验，及时反映故障发展程度。

（3）通过高压介质损耗因数的测量可以正确地评价设备运行时的绝缘状态，良好的绝缘在允许的电压范围内，无论电压上升或下降，其介质损耗因数均无明显变化。但现场试验数据显示，不同绝缘介质设备的介质损耗因数（$\tan\delta$）值会随着电压的升高而变大或变小。所以在设备运行电压下测量介质损耗因数才能真实反映设备的绝缘情况。当设备存在受潮、气泡或导电性杂质等缺陷时，其 $\tan\delta$ 值受试验电压大小的影响较大。通过测量 $\tan\delta$ 与试验电压的关系曲线，可以更有效地诊断绝缘缺陷。

案例三 110kV 电压互感器电容量初值差超标检测分析

1 案例经过

110kV 某变电站 2TV Y12 间隔电容式电压互感器为某电容器总厂生产，型号为 TYD-110，该组电压互感器于 2001 年 10 月出厂，2002 年 11 月投运。

2018 年 11 月 28 日，某公司变电运检室电气试验班结合 2 号主变压器停电检修计划，对 110kV 某变电站 2TV Y12 间隔进行例行试验时，发现 2TV Y12 间隔 A 相电压互感器电容量初值差超标。考虑该间隔电压互感器运行年限较长，决定更换电压互感器。2018 年 12 月 4 日上午，变电检修二班对 2TV Y12 间隔电压互感器进行更换，更换后电气试验班对其进行试验合格，送电运行。

2 检测分析方法

例行试验内容及结果如图 3-1～图 3-4 所示。

试验人员使用 AI-6000H 型介质损耗因数测试仪对 110kV 某变电站 2TV Y12 间隔电压互感器进行电容量及介质损耗因数测试，测试结果异常，如表 3-1 所示。

图 3-1 自激法测试电压互感器
介质损耗因数及电容量

图 3-2 A 相电压互感器铭牌

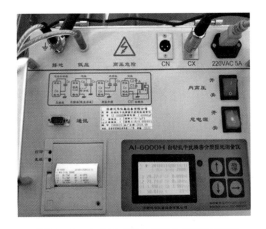

图 3-3　A 相电压互感器介质损耗因数　　图 3-4　C、B 相电压互感器介质损耗
　　　　　及电容量测试结果　　　　　　　　　　　　因数及电容量测试结果

表 3-1　　　　　　　110kV 2TV Y12 间隔三相电压互感器电容量及
　　　　　　　　　　介质损耗因数测试数据

试验仪器		AI-6000H 型介质损耗因数测试仪					
测试时间		2018 年 11 月 28 日					
相别		tanδ 实测值（%）	tanδ 初值（%）	tanδ 初值差（%）	电容量实测值（pF）	电容量初值（pF）	电容量初值差（%）
A 相	C1	0.099	0.145	−31.7	29 770	29 320	+1.5
	C2	0.104	0.134	−64.2	71 740	65 290	+9.9
	C	—	—	—	21 039	20 234	+4
B 相	C1	0.103	0.136	−62.1	29 290	29 260	+0.1
	C2	0.104	0.124	−71.5	63 450	63 670	−0.3
	C	—	—	—	20 039	20 047	−0.04
C 相	C1	0.101	0.132	−44.5	29 970	29 920	+0.2
	C2	0.103	0.124	−70.7	65 040	65 340	−0.5
	C	—	—	—	20 516	20 522	−0.03

　　依据《国家电网有限公司变电检测管理规定（试行）第 24 分册　电容量和介质
损耗因数试验细则》试验判断标准：电容式电压互感器电容量初值差不超过±2%（警
示值）、介质损耗因数 tanδ 不大于 0.25%。可知，110kV 某变电站 2TV Y12 间隔 A 相
电压互感器介质损耗因数符合规程要求，但无论是电压互感器下节电容量还是整体电
容量初值差均已超过±2%，表明该 A 相电压互感器内部绝缘可能存在异常。

　　现场对 2TV Y12 间隔 B、C 相电压互感器进行测试，试验数据合格，排除了仪器的原因；将 A 相电压互感器表面擦拭处理后，反复采用反接线法进行验证，试验结果也为异常，如图 3-5 和图 3-6 所示。

图 3-5 反接线法验证

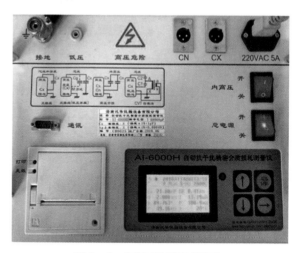

图 3-6 反接线法测试结果

试验人员遂进行分析：根据电压互感器的结构原理图（见图 3-7）与试验数据，判断 110kV 某变电站 2TV Y12 间隔 A 相电压互感器内部下节电容，部分串联电容片被击穿短路造成电容量增加。下节电容量 C2 增大初值差超标而上节电容量 C1 可以认为基本不变，则会引起运行中 C2 分压减小，进而造成二次侧输出电压降低。同时由于三相电压不平衡使开口三角电压异常升高，当二次电压降低到一定程度时可能会导致保护误动，造成设备停电。

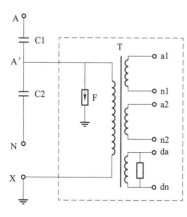

图 3-7 电压互感器结构原理图

考虑该电容式电压互感器运行年限较长，且判断其内部部分串联电容片由于受潮等其他原因绝缘强度不足，被击穿短路。若继续投入运行，可能导致该相电压互感器串联电容片进一步击穿短路、绝缘裂化，造成保护误动作、绝缘击穿或绝缘油分解气体过多、压力过大引起爆炸等影响电气设备正常运行的不良后果。试验人员立即向工区领导汇报，决定更换电容式电压互感器。

3 隐患处理情况

2018 年 12 月 4 日，变电二次检修班办理第一种工作票，110kV 某变电站 2TV Y12 间隔 A 相电压互感器更换，工作于 11 时 10 分开始，如图 3-8～图 3-11 所示。

图 3-8　当日开工照

图 3-9　更换安装过程

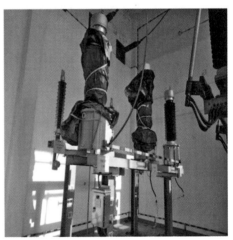

图 3-10　更换后

图 3-11　新换电压互感器铭牌

依据《国家电网有限公司变电验收管理规定（试行）第 7 分册　电压互感器验收细则》，电气试验班工作人员对新换电容式电压互感器进行交接试验后得出结论：交接试验通过，可以投运，如图 3-12 所示。

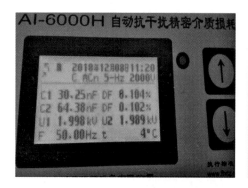
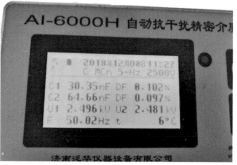
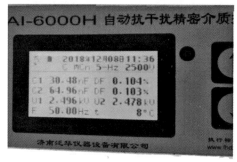

图 3-12　110kV 2TV Y12 间隔三相电压互感器现场电容量及介质损耗因数测试结果合格

4　经验体会

（1）通过该次检测，成功处理一起潜伏性故障，检测结果也验证了电气设备例行试验对故障的正确判定，为以后处理类似故障类型积累了经验。

（2）对于电容式电压互感器的电容量与介质损耗因数，工作中介质损耗因数异常的情况较为常见，但无论是介质损耗因数异常还是电容量异常，均表明设备内部可能受潮或绝缘裂化。试验人员应严格按照设备例行试验周期对电气设备的运行工况做出准确评定。

案例四　110kV 电流互感器电容量超标检测分析

1　案例经过

2015 年，某公司通过红外测温、停电试验等手段发现 110kV 某变电站 110kV 某线 112 电流互感器、110kV 某线 111 电流互感器存在发热、电容量增大缺陷，发生缺陷的电流互感器均为某电气有限公司生产的 LGBW-110W2 型干式电流互感器。为避免家族缺陷导致的电网事故，某公司决定缩短该厂家同一批次电流互感器设备试验周期，结合春检停电计划对公司现役设备进行诊断性试验。

220kV 某变电站 110kV 1 号主变压器 101 电流互感器为某电气有限公司生产，型号为 LGBW-110W2 型，绝缘方式为环氧浇注，于 2007 年 3 月生产，属于与某变电站缺陷设备同一生产厂家、同一型号批次的设备。

2016 年 3 月 2 日，变电检修室电气试验班对 110kV 1 号主变压器 101 间隔电流互感器进行停电检查性试验，试验测得 A 相电容量为 373pF，初值差为 9.609 2%，C 相介质损耗因数为 0.597%。初步判断为内部有电容元件击穿，导致电容量增大。2016 年 3 月 16 日，变电检修室对 110kV 1 号主变压器 101 间隔电流互感器进行了更换。

2　检测分析方法

（1）停电试验。2016 年 3 月 2 日，对 110kV 1 号主变压器电流互感器进行停电诊断性试验，测得 A、C 相数据异常，其中 A 相电容量为 373pF，初值差为 9.609 2%，C 相介质损耗因数为 0.597%。详细测试数据如表 4-1 所示。

表 4-1　110kV 1 号主变压器 101 电流互感器进行停电诊断性试验数据情况

介质损耗因数及电容量测量	接线方式	试验电压（kV）	$\tan\delta$ 实测值（%）	$\tan\delta$ 初值（%）	$\tan\delta$ 初值差（%）	电容量实测值（pF）	电容量初值（pF）	电容量初值差（%）
A	主绝缘	正接线	10	0.015	0.468 0	-96.794 9	373	340.300	9.609 2
B	主绝缘	正接线	10	0.025	0.486 0	-94.856 0	336	339.000	-0.885 0
C	主绝缘	正接线	10	0.597	0.360 0	65.833 3	341	344.200	-0.929 7

试验仪器：某思创 HV-9003 介质损耗因数测试仪

Q/GDW 1168—2013《输变电设备状态检修试验规程》规定，110kV 干式电流互感器电容量初值差不超过±5%。表 4-1 中实测 A 相电流互感器电容量超标，C 相电流互感器介质损耗因数显著增大，初步判断为电流互感器内部电容部分击穿导致。

（2）现场拆检情况。现场检查 A 相电流互感器故障伞裙位置，发现套管底部多处密封胶脱落（见图 4-1），连接处有明显缝隙，导致电流互感器套管内部进入潮气，降低端部绝缘性能，在长期运行过程中致使内部电容部分击穿。

图 4-1　电流互感器底部密封不严

3　隐患处理情况

2016 年 3 月 16 日，变电检修室使用系统内备品对 110kV 1 号主变压器 101 电流互感器进行更换。新电流互感器型号为 LVQB-110，绝缘类型为 SF$_6$ 型，生产厂家为某互感器有限公司。现场对备品电流互感器进行试验，试验各相数据合格，具体如表 4-2 和图 4-2 所示。

表 4-2　　　　　　　　　　备品新电流互感器试验情况

相别	A 相	B 相	C 相
一、绝缘电阻（MΩ），使用仪器：3121 绝缘电阻表			
一次对二次及地（MΩ）	50 000	50 000	50 000
末屏（MΩ）	50 000	50 000	50 000
二、气体湿度，使用仪器：HNP-40			
表压（MPa）	0.42	0.42	0.4
气体湿度（%）	63	70	58
三、工频交流耐压，使用仪器：工频交流耐压机			
加压位置	试验电压	试验时间	试验结果
一次对二次及地	184kV	60s	无闪络、无击穿现象

图 4-2　1 号主变压器 101 电流互感器更换现场

4　经验体会

（1）该厂家生产的互感器存在家族型缺陷，在盐碱密度高、空气潮湿的环境下运行，这种缺陷暴露得更早。变电检修室将继续针对此类互感器进行逐一细致的排查，尽早发现隐患。

（2）针对此地区存在的盐碱密度高、湿度较大的环境因素，变电检修室采取措施，每逢设备停电时，采取设备逐一清扫并喷涂防污闪涂料等措施，减小设备污秽度，保证电网稳定运行。

（3）要加强带电检测技术的开展，带电检测工作能够有效发现设备存在的潜在缺陷，全面掌控设备的运行状态，对保证设备安全可靠运行具有十分重要的作用。

案例五 220kV 电流互感器试验数据异常检测分析

1 案例经过

220kV 某变电站 220kV 某线电流互感器为三相分体充油式电流互感器，型号为 LCWB7-220W2，生产厂家为某电气有限公司，1998 年 11 月 1 日出厂，于 1999 年 8 月投运至今。

2017 年 9 月 3 日，电气试验班对 220kV 某变电站 220kV 某线电流互感器进行了停电例行试验，现场进行电流互感器 A 相高压介质损耗因数试验时，测试结果显示 $\tan\delta$ 值为 0.75%，与上次试验数据相比大幅度增长，并且已接近 0.8% 的警示值，绝缘电阻值数据合格；试验人员随后取油进行绝缘油色谱分析试验，发现油中氢气含量为 345.133uL/L，数据超标严重，同时，油中乙烯、甲烷等气体含量过高，怀疑电流互感器内部存在受潮情况；绝缘油耐压平均值为 29.1kV，油中微量水分两次平均值为 29.6uL/L，试验数据均不合格。班组迅速将试验数据上报工区，建议立即对该线路电流互感器进行处理。

220kV 某线为连接两个重要 220kV 变电站的重要线路，承接经济技术开发区一些重要工业负荷，该线路电流互感器运行情况若持续恶化造成设备故障，将会带来巨大的经济损失。鉴于以上情况，决定对该线路电流互感器进行更换处理。2017 年 9 月 4 日，变电检修室检修人员对 220kV 某变电站 220kV 某线电流互感器进行了更换处理，将老式的充油电流互感器更换为安全系数高、运行维护简便的 SF_6 气体绝缘电流互感器，更换完毕现场进行交接耐压试验通过后，当日恢复送电。

2 检测分析方法

（1）检测情况。2017 年 9 月 3 日，电气试验班按计划对 220kV 某变电站 220kV 某线电流互感器进行停电例行试验，并按照规程要求依次进行了以下试验项目。

1）绝缘电阻及介质损耗因数试验。现场首先对该线路电流互感器进行了绝缘电阻及介质损耗因数试验，绝缘电阻值数据合格，且与上次相比无明显变化，但介质损耗因数达到 0.75%，即将达到规程规定的注意值，同时与上次试验结果相比，初值差升高的趋势明显，达到 200%，具体数据见图 5-1、表 5-1、表 5-2。

表5-1　　　　　　　　　　　　绝缘电阻试验结果

绕组和末屏绝缘电阻	相别								
	A			B			C		
	实测值	初值	初值差（%）	实测值	初值	初值差（%）	实测值	初值	初值差（%）
一次对其他、地（MΩ）	45 500	45 000	1.11	45 500	45 000	1.11	45 500	46 000	−1.09
末屏对地绝缘电阻（MΩ）	2050	2000	2.5	2050	2000	2.5	2050	2000	2.5

介质损耗因数试验报告

正接线（非接地试品）

编号：132

电压：10.00kV

频率：52.5Hz

C_x：924 pF　　$\tan\delta$：+0.75%

备注：

17-09-03　　10:35:02

图5-1　A相介质损耗因数试验结果

表5-2　　　　　　　　　　　三相介质损耗因数试验结果

介质损耗因数及电容量测量	试验电压（kV）	$\tan\delta$实测值（%）	$\tan\delta$初值（%）	$\tan\delta$初值差（%）	电容量实测值（pF）	电容量初值（pF）	电容量初值差（%）
A 相	10	0.75	0.240 0	200	924	925.9	−0.21
B 相	10	0.24	0.240 0	0	926	929	−0.32
C 相	10	0.25	0.240 0	4.170 0	950	951.6	−0.17

2）油色谱分析。试验人员根据介质损耗因数测试结果，现场决定对该电流互感器取油，并安排专人对取回的电流互感器油样进行油色谱分析，试验结果发现氢气含量为345.133μL/L，严重超标；同时，油中乙烯、甲烷等气体含量过高，详细数据如图5-2所示。

3）绝缘油水分检测。绝缘油水分检测时发现，油中水分含量平均值为29.6μL/L，超标，再次证明了电流互感器内部存在绝缘受潮问题，详细数据如图5-3所示。

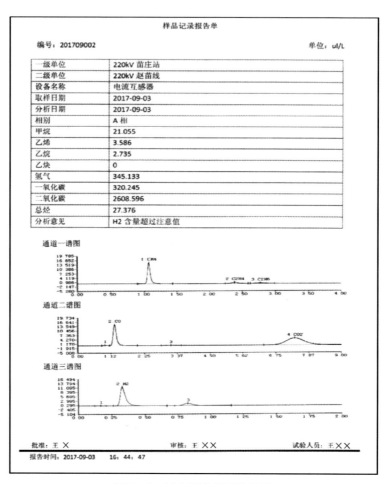

图5-2 油色谱分析试验结果

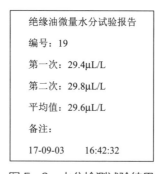

图5-3 水分检测试验结果

4）绝缘油击穿电压检测。实验室进行了绝缘油击穿电压试验，6次试验结果平均值为29.1kV，试验结果显示不合格，不符合标准。试验结果如图5-4所示。

绝缘油介电强度试验报告

编号：45

升压速度：2.0kV/s

第一次：29.1kV

第二次：29.0kV

第三次：29.2kV

第四次：29.1kV

第五次：29.0kV

第六次：29.2kV

平均值：29.1kV

备注：

17-09-03　　16:30:19

图5-4　击穿电压试验结果

5）红外测温。根据上述情况，试验人员又查阅了220kV某变电站220kV某线电流互感器最近一次的红外检测记录，即2017年8月2日，220kV某线电流互感器红外图谱显示数据正常，如图5-5所示。

图5-5　2017年8月2日红外测试图谱

（2）综合分析。现场观察，220kV某变电站220kV某线电流互感器外观密封良好，没有渗漏油现象及明显进水受潮痕迹；同时，对该电流互感器瓷套表面、小套管引出端用酒精进行擦拭，且接触良好进行复试，测试结果没有明显的实质性变化。综合以上各项试验方法和数据，对此相电流互感器进行初步判断为电容屏受潮，其受潮原因估测为此相电流互感器在出厂前电容屏干燥不彻底，电容屏内层存在潮气，经过多年运行后，由于负荷及温度的作用，潮气不断由电容屏内层向油中外渗，导致电容屏主绝缘整体受潮。

3　隐患处理情况

由于该设备运行年限太长，考虑其绝缘受潮的严重程度，变电检修室利用该次停电检修的机会，对某线电流互感器进行了更换，更换完成后，现场对其进行了耐压等交接试验，试验结果均合格。试验现场图如图5-6所示。

图5-6　试验现场照片

4　经验体会

（1）严格按照规程和技术标准对停电试验数据进行分析判断，实现对设备运行状态的管控。停电试验是检验设备运行状况和状态的一项有效传统手段，按周期完成设备例行试验可以有效检验安装、工艺、材料的缺陷，确保设备无隐患投运。加强安装质量控制，安装过程中注重环境湿度、粉尘对设备的影响，才能保证设备具有高的可靠性和预期的使用寿命。

（2）绝缘油的试验能够反映出设备内部无法看见的缺陷，通过油色谱分析、水分检测等试验可以很容易地发现设备内部绝缘是否受潮、油质是否劣化、内部是否发生局部放电等缺陷，可以有效地保证设备安全运行。

（3）结合带电检测手段，加强对带电设备的检查，平时要注意电流互感器箱体有无鼓肚、喷油、渗漏油等现象，是否有过热现象，接地线是否牢固等，做到隐患提前发现、提前预防、提前消除的目的。

案例六　220kV 电压互感器介质损耗因数异常检测分析

1　案例经过

某供电公司 220kV 某变电站 220kV 某线电压互感器于 2005 年 3 月投运，为上海某互感器有限公司产品，型号为 TEMP-220SU，出厂时间为 2005 年 3 月，2011 年退出运行，处于待用状态。

2018 年 3 月 27 日，变电检修室组织人员进行 220kV 某变电站 211 某线投运前检查、试验工作，电气试验班在进行 211 某线电压互感器试验工作时，发现该电压互感器介质损耗因数超标。

变电检修室将此缺陷上报运维检修部后，决定对某线电压互感器进行更换，2018 年 3 月 27 日下午，变电检修一班对某线电压互感器进行更换，更换后电气试验班进行试验合格，送电运行。

2　检测分析方法

2018 年 3 月 27 日，变电检修室组织人员进行 220kV 某变电站 211 某线（原某 I 线）、212 某线投运前检查、试验工作，电气试验班在进行 211 某线电压互感器试验工作时（如图 6-1、图 6-2 所示），发现该电压互感器介质损耗因数超标，温度为 15℃，湿度为 40%。

图 6-1　某线电压互感器现场试验图（一）

图 6-2　某线电压互感器现场试验图（二）

211 某线电压互感器试验数据整理如表 6-1 所示，现场测试仪器显示数据如图 6-3～图 6-5 所示。

表 6-1　　　　　　　　　　某线电压互感器试验数据

项目	电容量初值（pF）	电容量实测值（pF）	tanδ初值（%）	tanδ实测值（%）	绝缘电阻（Ω）
C11	10 071	10 280	0.045	0.985	10 000
C12	11 939	12 140	0.044	0.558	10 000
C2	65 722	67 320	0.051	0.603	10 000

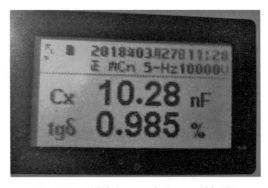

图 6-3　某线电压互感器 C11 数据图

图 6-4　某线电压互感器 C12 数据图

图 6-5　某线电压互感器 C2 数据图

由表 6-1 可知，根据 Q/GDW 1168—2013《输变电设备状态检修试验规程》的要求，该电压互感器试验不合格，C1、C12、C2 介质损耗因数均远远超过 0.25% 的规定。

现场用同一台介质损耗因数测试仪对 212 电压互感器进行测试，试验数据合格，排除了仪器的原因。又对该电压互感器表面擦拭处理后，反复采用正接线、反接线、自激法多次测试后（该电压互感器有接地刀闸），试验结果基本一致。

原因分析：220kV 某站 211 某线（原某Ⅰ线）电压互感器因线路走向问题退出运行后一直处于待用状态，长时间暴露在户外，经历严冬、大雪后，密封受到破坏，潮气进入电压互感器内部，导致内部整体受潮，介质损耗因数明显增高。

电气试验班将试验情况立即汇报变电检修室和运维检修部，决定对该电压互感器进行更换。

3　隐患处理情况

2018 年 3 月 27 日下午，变电检修室变电检修一班对某变电站 211 某线电压互感器进行了更换，新电压互感器型号为 WVL2-220-5H，出厂时间为 2017 年 9 月，如图 6-6 所示。

图 6-6　某线电压互感器更换过程图

电气试验一班进行了交接试验，数据如表 6-2 所示。

表 6-2　　　　　　　　　　某线电压互感器更换后试验数据

项目	电容量初值（pF）	电容量实测值（pF）	tan δ（%）	绝缘电阻（Ω）
C11	10 073	10 130	0.052	10 000
C12	11 290	11 370	0.042	10 000
C2	95 350	95 430	0.047	10 000

更换后的电压互感器试验数据均合格，送电成功，投入运行。

4　经验体会

（1）在进行例行试验时，试验结果要跟历史试验记录对比，发现有增大时，应及时分析，并结合多种方法，判别设备状态，将隐患消灭在萌芽期。

（2）电气设备长期处于待用状态，受外界环境的影响，可能出现异常，投运前再次进行试验检查是十分必要的，发现缺陷立即消除，确保设备安全运行。

案例七 220kV 电流互感器介质损耗因数超标异常检测分析

1 案例经过

220kV 某变电站 1 号主变压器 201 间隔 C 相电流互感器，生产厂家为某电气有限公司，设备型号为 LCWB7–220W2，生产日期为 1999 年 3 月，投运日期为 2000 年 1 月。

2018 年 5 月 4 日，某变电站电气试验班执行变电站第一种工作票对 220kV 某变电站 1 号主变压器及三侧设备进行例行试验，在 1 号主变压器 201 间隔 C 相电流互感器例行试验过程中，发现介质损耗因数明显增大，电容量基本无变化。随即进行油色谱取样分析，油色谱分析试验结果显示，氢气、总烃超过注意值，根据三比值法判断为低能量密度局部放电。对更换后的电流互感器进行 $U_m / \sqrt{3}$ 电压下的介质损耗因数及电容量测试、局部放电测试，发现该电流互感器 10kV 下介质损耗因数与 $U_m / \sqrt{3}$ 电压下介质损耗因数相比超过 0.15%，局部放电量为 234pC（标准值为 20pC），均超过标准的要求。检修人员对该相电流互感器进行了更换处理。

对存在缺陷的电流互感器解体，发现该电流互感器 L2 端腰部内侧第 4～第 6 屏铝箔纸均出现不同程度的纵向开裂，其中第 6 屏最为严重。

2 检测分析方法

2018 年 5 月 4 日，电气试验班执行变电站第一种工作票对 220kV 某站 1 号主变压器及三侧设备进行例行试验，如图 7–1 所示。

图 7–1 1 号主变压器 201 间隔电流互感器例行试验

在 1 号主变压器 201 间隔 C 相电流互感器例行试验过程中，发现介质损耗因数明显增大，电容量基本无变化。试验数据如表 7−1 所示。

表 7−1　1 号主变压器 201 间隔 C 相电流互感器介质损耗因数及电容量数据

试验日期	A 相		B 相		C 相	
	$\tan\delta$（%）	电容量（pF）	$\tan\delta$（%）	电容量（pF）	$\tan\delta$（%）	电容量（pF）
2012 年 12 月	0.248	955.4	0.254	951.8	0.245	952.4
2018 年 5 月	0.250	955.6	0.255	952.5	0.660	955.1

介质损耗因数初值差：（0.66−0.245）/0.245×100%＝169%，与初值比相差较大。排除各种影响因素后重复进行多次测试，测试值依然为 0.66%左右。更换试验仪器进行测试，由 AI−6000C 型电桥改用 PH2801E 型电桥进行了对比测量，结果基本接近，排除了仪器的影响。因此，初步判断 1 号主变压器 201 间隔 C 相电流互感器存在缺陷。

对该相电流互感器取油样进行油色谱分析，发现 C 相电流互感器氢气（H_2）含量为 4301.9μL/L、总烃为 440μL/L，均超过注意值，其他组分未见异常，经过计算三比值编码为 010，判断故障类型为低能量密度的局部放电。另外，根据油色谱分析试验数据，故障电流互感器的一氧化碳（CO）及二氧化碳（CO_2）含量明显增高，说明为油纸绝缘有一定程度的劣化。试验数据如表 7−2 所示。

表 7−2　　1 号主变压器 201 间隔 C 相电流互感器油色谱分析试验数据　　　　μL/L

试验日期	CH_4	C_2H_6	C_2H_4	C_2H_2	总烃	H_2	CO	CO_2
2018 年 5 月	421.77	17.81	0.46	0	440.0	4301.9	377.03	1761.15
2012 年 12 月	2.9	0.7	0.3	0	3.90	16.0	150	503

为确认绝缘状况，对该电流互感器进行高压介质损耗因数试验，试验数据如表 7−3 所示。

表 7−3　1 号主变压器 201 间隔 C 相电流互感器高压介质损耗因数试验数据

试验方法	正接线自动多点升降压		
电容变化量	0.36%	介质损耗因数增量	0.302%
序号	电压（kV）	电容（pF）	介质损耗因数（%）
升压数据			
1	10.04	954.5	0.659
2	25.17	955.1	0.682

续表

序号	电压（kV）	电容（pF）	介质损耗因数（%）
3	40.37	955.3	0.711
4	55.24	955.4	0.726
5	70.32	955.8	0.731
6	85.29	955.9	0.782
7	100.30	956.0	0.821
8	115.1	956.4	0.840
9	130.1	956.7	0.853
10	145.6	958.9	0.961
降压数据			
1	145.5	959.0	0.969
2	131.4	957.0	0.852
3	116.2	956.2	0.839
4	101.1	956.0	0.822
5	85.92	955.6	0.781
6	70.84	955.4	0.732
7	55.65	955.3	0.721
8	40.47	955.3	0.709
9	25.39	955.1	0.684
10	10.24	954.1	0.660

根据 Q/GDW 1168—2013《输变电设备状态检修试验规程》，测量介质损耗因数与测量电压之间的关系曲线，测量电压从 10kV 到 $U_{\mathrm{m}}/\sqrt{3}$，介质损耗因数的增量大于 ±0.015，判断设备内部存在绝缘缺陷。

为进一步判断绝缘故障，对该电流互感器进行局部放电测量，试验时，施加电压 $1.2U_{\mathrm{m}}/\sqrt{3}$，局部放电量为 234pC（远超标准规定的 20pC），试验结果如图 7-2 所示。

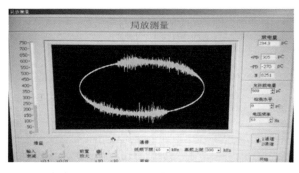

图 7-2　1 号主变压器 201 间隔 C 相电流互感器局部放电试验数据

3 隐患处理情况

2018 年 5 月 5 日，检修人员对故障电流互感器进行了更换处理，拆除原电流互感器，如图 7-3 所示。

图 7-3　更换 1 号主变压器 201 间隔 C 相电流互感器

更换前对电流互感器进行试验，更换的电流互感器试验数据如表 7-4～表 7-7 所示。

表 7-4　　　　　更换新电流互感器介质损耗因数及电容量试验测试数据

设备厂家	某电气有限公司		设备型号	LCWB7-220W2
试验项目	接线方式	试验电压（kV）	tanδ 实测值（%）	电容量实测值（pF）
介质损耗因数及电容量检测	正接线	10	0.254	955.5

表 7-5　　　　　更换新电流互感器绝缘电阻测试数据

试验项目	一次绕组对二次绕组及地	二次绕组对一次绕组及地	二次绕组之间	末屏
绝缘电阻（Ω）	100 000+	10 000+	10 000+	100 000+

表 7-6　　　　　　　　更换新电流互感器油色谱分析试验数据　　　　　　　　μL/L

CH_4	C_2H_6	C_2H_4	C_2H_2	总烃	H_2	CO	CO_2
4.5	0	0	0	4.5	12	45	30

表 7-7　　　　　　　　　更换电流互感器交流耐压数据

试验项目	一次绕组对二次绕组及地	二次绕组之间及末屏对地
交流耐压	368kV/1min 通过	2kV/1min 通过

对更换下来的电流互感器进行解体检查，发现该电流互感器 L2 端腰部内侧第 4～第 6 屏铝箔均出现不同程度的纵向开裂，长度为 150mm，纵向宽度为 5mm，其中第 6 屏最为严重。开裂情况如图 7-4、图 7-5 所示。

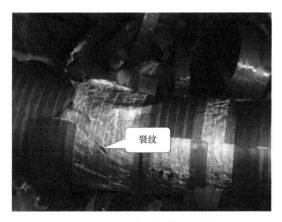

图 7-4　电容屏铝箔上裂纹

图 7-5　电容第 6 屏铝箔上裂纹

33

在排除电场、磁场、空间 T 型网络的干扰和外部脏污等问题后，结合故障电流互感器的解体情况，分析本次缺陷的原因为：电流互感器内部电容屏老化存在裂纹，导致电流互感器内部产生低能量密度的局部放电，长期的局部放电造成电流互感器内部固体绝缘老化，老化产生的纸纤维随着电压的升高发生聚合，使得随着粒子发生碰撞聚合的起始电压开始，粒子数目又发生逐渐减少的现象，进而出现介质损耗因数增大的现象。

4　经验体会

（1）通过测量电容型设备介质损耗因数和电容量可以发现设备的疑似缺陷，辅以油色谱分析试验、高压介质损耗因数试验、局部放电量检测进行综合分析判断，为电网的健康、安全运行提供保证。

（2）应加强对同批次电流互感器的带电检测、油色谱分析试验、例行试验检测。

案例八 220kV 电压互感器电容量超标异常检测分析

1 案例经过

220kV 某变电站地处某市某县，其 220kV 某Ⅱ线 211 电压互感器为某电容器总厂生产的 TYD220/$\sqrt{3}$ −0.005H 型电容式电压互感器，2000 年 8 月生产，于 2001 年 9 月投运。2018 年 5 月 28 日，某公司变电检修室人员在办理了第一种工作票后对 220kV 某Ⅱ线间隔进行例行试验，发现 220kV 某Ⅱ线 211 电压互感器 A 相下节电容量超标，分析可能是电压互感器内部缺陷，已不适运行。后续对问题电压互感器进行解体，发现部分电容屏击穿，导致下节电容量异常增大。变电检修室人员对问题电压互感器进行更换并对其进行试验，试验合格，消除了隐患，避免因电压互感器故障造成停电事故。

2 检测分析方法

2018 年 5 月 28 日，某公司按照 Q/GDW 1168—2013《输变电设备状态检修试验规程》要求，对 220kV 某变电站 220kV 某Ⅱ线电压互感器进行停电例行试验（见图 8−1），测试电压互感器介质损耗因数和电容量，首先使用常规反接线测试，试验数据见表 8−1。

图 8−1　220kV 某Ⅱ线电压互感器现场试验图

表 8-1　　　　　常规反接线电压互感器介质损耗因数和电容量数据

相位	试验方法	试验电压	tanδ实测值（%）	tanδ初值（%）	电容量实测值（pF）	电容量初值（pF）	电容量初值差（%）
A 相上节	反接线	10	0.133	0.18	9790	9692	1.01
A 相下节	反接线	10	0.24	0.22	10 600	10 220	3.7

　　Q/GDW 1168—2013《输变电设备状态检修试验规程》要求，电容式电压互感器电容量初值差警示值为±2%，由表 7-1 可知，A 相上节介质损耗因数和电容量正常，而 A 相下节介质损耗因数虽未超出规程要求，但电容量初值差超出规程要求的±2%，达到 3.7%，初步判断 A 相下节电压互感器存在问题。

　　为核实电压互感器故障及查找缺陷部位，采用自激法进行测试，试验结果如表 8-2 所示。

表 8-2　　　　　自激法电压互感器介质损耗因数和电容量数据

相位	绝缘电阻（MΩ）	测试位置	电容量实测值（pF）	电容量初值（pF）	电容量初值差（%）	tanδ实测值（%）
A 相下节	10 000+	C1	12 660	12 020	5.3	0.074
		C2	64 920	64 890	0.05	0.09

　　由表 8-2 可知，A 相下节上部电容量初值差超出规程要求的警示值，达到 5.3%，可进一步判断 A 相电压互感器下节存在内部缺陷，如部分电容屏击穿、受潮等问题，缺陷位置位于上部的 C1，如不及时处理缺陷可能会发展为故障而导致停电。

3　隐患处理情况

　　变电检修室人员随即对问题电压互感器进行了更换，对更换后的电压互感器进行试验，试验合格，并送电成功。

　　在高压试验大厅内对问题电压互感器进行解体，电压互感器内部结构如图 8-2 所示，内部有电容饼层层叠压而成，共 117 个电容饼，每个电容饼约承压 0.54kV。对电容饼进行检查，发现问题电压互感器的上部 C1 的第 32～38 个电容饼有击穿痕迹，其中第 34 饼一共击穿了 8 层，击穿处有明显烧蚀现象，并有黑色炭化物质生成，如图 8-3 所示。电容饼击穿后电压加在剩余的电容饼上，会使其余的电容饼承受的电压升高，更易于发生击穿，从而导致电压互感器故障甚至爆炸。严谨细致的试验避免了缺陷发展为故障。

图8-2 电压互感器解体图

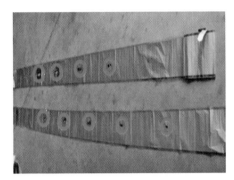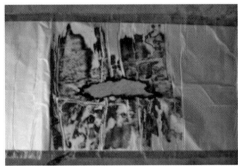

图8-3 电容饼发生击穿烧蚀

4 经验体会

（1）目前各类型号电压互感器众多，运行时间有长有短，长期处于运行状态时，若缺陷没有及时发现，将会严重威胁电网的安全稳定运行。在现阶段状态检修背景下，应严格按照检修周期对电压互感器进行例行试验，并确保试验数据的真实性和准确性，这样能够及时发现电压互感器部分电容屏击穿等缺陷。

（2）对电容式电压互感器进行介质损耗因数和电容量测量可及时发现存在的缺陷，在具备试验条件的情况下应采用自激法对电压互感器进行全方位测量，避免缺陷未检出的情况。

（3）对电压互感器进行解体检查有利于试验人员了解设备的构造、运行原理，核实检测结果，并为下一步运行维护提出指导。

第二篇　互感器发热异常典型案例

案例九　110kV 电流互感器支柱绝缘子红外检测电压型发热检测分析

1　案例经过

2016 年 3 月 9 日，某供电公司变电检修室电气试验班工作人员对 220kV 某变电站进行红外精确检测工作，发现 110kV 某线 106 间隔电流互感器支柱绝缘子异常发热，呈现环绕一周的热像。该支柱绝缘子为硅橡胶制作，C 相温度偏高为 35.6℃，A 相为 32℃，B 相为 32.1℃，温差为 3.6℃。

经过分析排除污秽造成发热的可能，判断由于电流互感器外绝缘复合硅橡胶存在老化开裂现象引起发热。2016 年 4 月 18 日，检修人员对电流互感器进线更换处理，缺陷消除。

2　检测分析方法

（1）检测基本信息，见表 9-1。

表 9-1　　　　　　　　　　检 测 基 本 信 息

1. 检测时间、人员			
测试时间	2015 年 3 月 9 日	测试人员	
2. 测试环境			
环境温度	15℃	环境湿度	60%
3. 仪器信息			
仪器	P30 型红外测温仪	生产厂家	FILR
4. 被检测设备基本信息			
生产厂家	某互感器有限公司	型号	SAS126/0G
生产日期	2002 年 6 月	投运日期	2003 年 11 月

（2）红外检测分析。2016 年 3 月 9 日，试验人员在对 220kV 某变电站红外测温时，发现 110kV 某线 106 间隔 C 相电流互感器支柱绝缘子发热，C 相温度偏高为 35.6℃，A 相为 32℃，B 相为 32.1℃，温差为 3.6℃，如图 9-1 所示。试验人员怀疑是污秽造成的发热，但经过观察，发现该支柱绝缘子上下每个瓷裙的污秽程度一致，排除因为污秽造成的发热。试验人员通过使用绝缘杆绑住抹布擦拭的方法，对支柱绝缘子进行个别擦拭，发现电流互感器外绝缘复合硅橡胶存在老化开裂现

象，如图 9-2 所示。

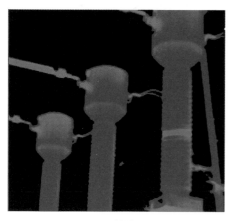

图 9-1　110kV 某线 106 间隔电流
互感器红外测温图谱

图 9-2　110kV 某线 106 间隔 C 相
电流互感器可见光照片

　　为核实该情况是否为家族性缺陷，开展了针对某互感器有限公司电流互感器巡检工作，共巡查了 220kV 的 5 个变电站 7 个间隔的电流互感器，发现某互感器有限公司电流互感器外绝缘硅橡胶均存在不同程度的老化开裂现象（如图 9-3 所示）。

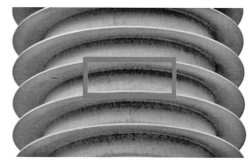

图 9-3　老化开裂现象

　　经过对某公司所辖全部 7 组某电流互感器的集中巡察，发现所有电流互感器均为 2002～2003 年出厂，在运时间都为 12～14 年，根据直接观测结果，可判断存在明显裂纹的设备有 3 组；其余 3 组 220kV 电压等级电流互感器由于表面脏污、观测角度等问题，未直接观测到明显的裂纹，但经过对拍摄照片的详细观测，判断其存在疑似轻微裂纹，需要结合停电进行进一步检查判断；1 组 110kV 电流互感器由于投运时间较短，未发现表面裂纹现象。

　　总体分析，某公司于 2002～2003 年生产的电流互感器，外绝缘均采用常温硫化硅橡胶工艺，耐腐蚀和抗老化能力相对于高温硫化工艺较弱；由于设备运行环境差异，均存在不同程度的表面老化现象。

3 隐患处理情况

针对上述情况，可通过专用阻燃溶剂清洁电流互感器外绝缘表面后，喷涂PRTV进行保护，清洁及喷涂过程中需注意防止碰掉外绝缘硅橡胶设备。电流互感器经上述处理后短期内尚可运行，长期运行风险较大，建议进行更换。

为确保该变电站的安全运行，变电检修室于 2016 年 4 月 18 日，对 110kV 某线 106 电流互感器进行整组更换，经过后期红外测温复测，缺陷消除，如图 9-4 所示。

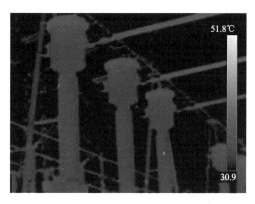

图 9-4 110kV 某线 106 电流互感器复测红外图谱

4 经验体会

（1）该次检测发现电流互感器外绝缘复合硅橡胶存在老化开裂现象，如果未及时处理，很容易造成爬电闪络等绝缘击穿现象，给电网造成重大事故。此类缺陷在同厂同批次设备中表现明显，均存在不同程度的外绝缘表面老化现象，建议对此类设备加强监测，必要时更换。

（2）某公司生产的电流互感器运行时间都为 12～14 年，说明此类设备缺陷在初期不易发现，建议在进行设备验收时，加强把关。

案例十 220kV 电压互感器发热检测分析

1 案例经过

220kV 某变电站 220kV 某线 212 电压互感器为某电容器厂生产,型号为 TYD220/√3-0.05H,于 2001 年 10 月投运。2015 年 6 月 24 日晚上,电气试验人员在对某变电站进行红外精确测温时发现 220kV 某线 212 电压互感器下节发热,温度比上节高 1.7K。将缺陷上报运维检修部并安排跟踪测试,2015 年 7 月 14 日进行跟踪测试时发现缺陷仍然存在,下节温度比上节高 2.1K,此缺陷为电压致热型缺陷,上报运维检修部安排停电处理。

2015 年 7 月 26 日,变电检修室安排停电消除缺陷工作,电气试验一班进行分压电容器的介质损耗因数和电容量及高压介质损耗因数试验,发现试验数据均合格。7 月 28 日,检修人员将此电压互感器进行解体检查,发现下节金属膨胀器第 1、2、7、8、9 和 11 群等电位连接线开焊,此处发生悬浮电位放电造成发热。

2 检测分析方法

(1)测温情况。2015 年 6 月 24 日对 220kV 某变电站进行红外测温工作,测温时某线电流为 257.8A,气温为 23℃,湿度为 43%;发现缺陷为某线 212 电压互感器整体温升增大,中下部温度高,热点明显,其中 C11 为 26.7℃,C12 为 28.4℃,温差达到 1.7K,如图 10-1 所示。

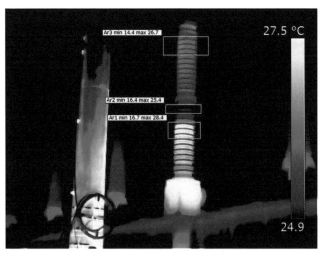

图 10-1 某线 212 电压互感器发热情况(2015 年 6 月 24 日)

（2）跟踪测试时测温情况。2015 年 7 月 14 日，对某线电压互感器跟踪测试，测温时某线电流为 286.8A，气温为 26℃，湿度为 44%；发现缺陷为某线 212 电压互感器，中下部温度高，其中 C11 为 30.7℃，C12 为 32.8℃，温差达到 2.1K，如图 10-2 所示。

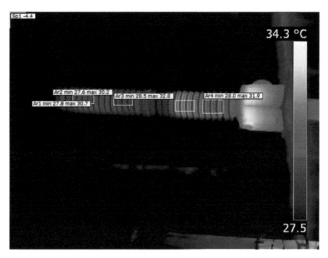

图 10-2　某线 212 电压互感器发热情况（2015 年 7 月 14 日）

根据 DL/T 664—2016《带电设备红外诊断应用规范》分析，某线 212 电压互感器下节发热为电压致热型缺陷，达到严重缺陷标准，应安排停电处理进行介质损耗因数测量试验。

2015 年 7 月 26 日，变电检修室安排停电试验消除缺陷工作，电气试验一班进行分压电容器的介质损耗因数 $\tan\delta$ 和电容量及高压介质损耗因数试验，介质损耗试验结果如表 10-1 所示，此电压互感器上次试验日期为 2011 年 12 月 12 日，结果如表 10-2 所示。

表 10-1　电压互感器停电试验介质损耗试验结果（2015 年 7 月 26 日）

部位	C11	C12	C2
绝缘电阻	10 000	10 000	10 000
电容量实测值（pF）	10 080	12 420	48 280
电容量初值（pF）	10 200	12 450	48 400
$\tan\delta$	0.114	0.094	0.094
电容量初值差（%）	−1.18	−0.24	−0.25

表10-2　　电压互感器停电试验介质损耗试验结果（2011年12月12日）

部位	C11	C12	C2
绝缘电阻	10 000	10 000	10 000
电容量实测值（pF）	10 180	12 450	48 450
电容量初值（pF）	10 200	12 450	48 400
$\tan\delta$	0.11	0.11	0.10
电容量初值差（%）	−0.20	0	0.10

分压电容器的高压介质损耗试验结果如表10-3、表10-4所示。

表10-3　　　　　　分压电容器C11高压介质损耗试验结果

电容变化量	0.116%	介质损耗因数增量	−0.005%

升压数据			
电压（kV）	频率（Hz）	电容量（pF）	介质损耗因数（%）
10.06	57.4	10 140	0.112
20.03	57.4	10 140	0.112
30.21	57.4	10 140	0.111
40.28	57.4	10 140	0.111
50.25	57.4	10 140	0.111
60.09	57.4	10 140	0.110
70.35	57.4	10 140	0.109
73.17	57.4	10 140	0.108
降压数据			
73.16	57.4	10 140	0.108
70.76	57.4	10 140	0.108
60.65	57.4	10 140	0.107
50.58	57.4	10 150	0.108
40.45	57.4	10 150	0.108
30.36	57.4	10 150	0.108
20.26	57.4	10 150	0.108
10.17	57.4	10 140	0.109

表 10−4　　　　　分压电容器 C12 高压介质损耗因数试验结果

电容变化量	0.093%	介质损耗因数增量	−0.008%

升压数据

电压（kV）	频率（Hz）	电容量（pF）	介质损耗因数（%）
10.07	57.4	12 400	0.113
20.02	57.4	12 400	0.113
30.06	57.4	12 400	0.111
40.03	57.4	12 410	0.110
50.25	57.4	12 410	0.109
60.16	57.4	12 410	0.108
70.06	57.4	12 410	0.106
73.25	57.4	12 410	0.106

降压数据

电压（kV）	频率（Hz）	电容量（pF）	介质损耗因数（%）
73.26	57.4	12 410	0.106
70.77	57.4	12 410	0.105
60.71	57.4	12 410	0.105
50.59	57.4	12 410	0.105
40.46	57.4	12 410	0.106
30.35	57.4	12 410	0.106
20.26	57.4	12 410	0.106
10.16	57.4	12 410	0.108

根据 Q/GDW 1168—2013《输变电设备状态检修试验规程》分析某线 212 电压互感器停电试验结果合格。

变电检修室为继续查明设备发热原因将设备进行更换，对换下的电压互感器进行解体检查。

3　隐患处理情况

对隐患设备进行解体检查情况。解体后设备如图 10−3 所示。

图 10-3　电压互感器解体后

2015 年 7 月 28 日，变电检修室组织人员将此电压互感器进行解体检查，发现下节金属膨胀器第 1、2、7、8、9 和 11 群等电位连接线开焊，如图 10-4 所示。

图 10-4　金属膨胀器开焊处

等电位连接线开焊后产生悬浮电位，发生放电现象，造成此处发热，如图 10-5 所示。

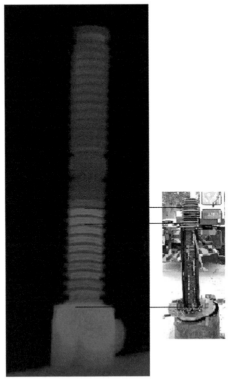

图 10-5　开焊部位与发热部位的对应

4　经验体会

（1）加强红外精确测温工作，红外精确测温能够有效地发现设备过热缺陷，对运行中的设备定期开展红外精确测温是十分有必要的，能够及时发现各种设备电流型致热、电压型致热及电磁性致热等众多过热故障。

（2）设备带电测试发现异常后停电处理时应采用多种试验手段对其进行综合分析。

（3）虽然停电试验项目并未检测出异常，但通过解体检查最终对其故障进行定位。

（4）对于有缺陷而退运的设备可采取解体检查的方式查找故障点，便于知识的积累。

案例十一 110kV 电流互感器发热检测分析

1 案例经过

110kV 某变电站 110kV 某线 111 电流互感器为某电气有限公司产品，型号为 LGBW–110W2 型，于 2007 年 3 月生产。2015 年 8 月 17 日，试验人员在对 110kV 某变电站进行带电测试时发现 110kV 某线 111 间隔 B 相电流互感器发热。2015 年 10 月 8 日晚上，检修试验人员对其进行红外精确测温，发现 110kV 某线 111 间隔 B 相电流互感器套管末端发热，A、B 相间温差为 7.7K，B、C 相间温差为 7.3K。将缺陷上报变电检修室和运维检修部，决定结合秋检计划进行停电处理。

2015 年 10 月 22 日，变电检修室安排停电消除缺陷，电气试验班对 110kV 某线 111 间隔电流互感器进行诊断性试验，发现 B 相电流互感器介质损耗因数和电容量均超标；10 月 24 日，变电检修室对 111 某线三相电流互感器进行了更换。

2 检测分析方法

（1）红外测温情况。2015 年 8 月 17 日，试验人员在对 110kV 某变电站进行带电测试时发现 110kV 某线 111 间隔 B 相电流互感器发热。2015 年 10 月 8 日检修试验人员对其进行红外精确测温，发现 110kV 某线 111 间隔 B 相电流互感器（开关侧）套管末端有明显发热点，A 相温度为 16.4℃，B 相温度为 24.1℃，C 相温度为 16.8℃。A、B 相温差为 7.7K，A、C 相温差为 0.4K，B、C 相温差为 7.3K。高压侧负荷：$P = 27.97MW$，$I = 141.53A$。测试图谱如图 11–1 所示。

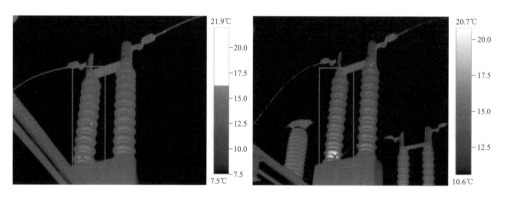

图 11–1 110kV 某线 111 电流互感器红外图谱（一）

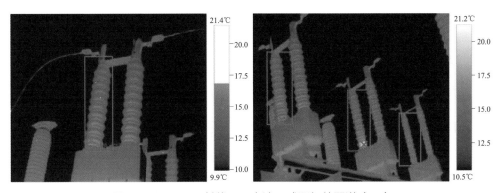

图 11-1　110kV 某线 111 电流互感器红外图谱（二）

2015 年 10 月 12 日，检修人员再次对发热故障位置进行复测，具体温度情况如表 11-1 和图 11-2 所示。

表 11-1　　　　　　10 月 12 日 110kV 某线电流互感器温度情况　　　　　　℃

故障位置同比	A 相	B 相	C 相	B 相相间	$\Delta T_{A,B}$	$\Delta T_{B,C}$
热点最高温度	30.2	37.4	29.5	6.6	7.2	7.9

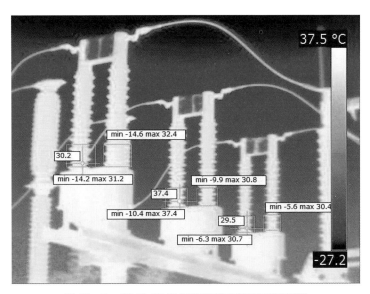

图 11-2　10 月 12 日复测某线电流互感器图谱

由图 11-2 可知，A、B 相温差为 7.2K，B、C 相温差为 7.9K。电流互感器套管是电压致热型设备，根据红外测温图谱和 DL/T 664—2016《带点设备红外诊断应用规范》，分析判断此缺陷属于电压致热型缺陷，温差达到 7K 以上属于严重缺陷。初步判断电流互感器内部电容有击穿现象。

（2）停电试验情况。2015 年 10 月 22 日对 110kV 某线电流互感器进行停电诊断性试验，测得 B 相数据异常，介质损耗因数为 0.554%（初值差为 4161%），电容量为 372.3pF（初值差为 9.019%），详细测试数据如表 11-2 所示。

表 11-2　　　　　110kV 某线电流互感器进行停电诊断性试验数据情况

介损及电容量测量		接线方式	试验电压（kV）	tanδ 实测值（%）	tanδ 初值（%）	tanδ 初值差（%）	电容量实测值（pF）	电容量初值（pF）	电容量初值差（%）
A	主绝缘	正接线	10	0.013	0.010	30.00	338.7	339.5	−0.235 6
B	主绝缘	正接线	10	0.554	0.013	4161.54	372.3	341.5	9.019 0
C	主绝缘	正接线	10	0.015	0.011	36.36	335.7	336.5	−0.237 7

试验仪器：某思创 HV-9003 介质损耗因数测试仪

Q/GDW 1168—2013《输变电设备状态检修试验规程》规定，110kV 干式电流互感器介质损耗因数应不大于 0.01，电容量初值差不超过±5%。表 11-2 中实测 B 相电流互感器介质损耗因数和电容量显著增大，初步判断为互感器内部电容部分击穿导致。同时，为了排除末屏接地不良造成的影响，试验人员对电流互感器架构接地引下线、电流互感器本体、电流互感器末屏接地端子分别进行了接地电阻导通测试，测试结果分别为 15、16、16mΩ，说明电流互感器末屏在运行过程中接地良好。

3　隐患处理情况

（1）现场拆检情况。现场检查 B 相电流互感器故障伞裙位置，发现套管底部多处密封胶脱落，连接处有明显缝隙，导致电流互感器套管内部进入潮气，降低端部绝缘性能，在长期运行过程中致使内部电容部分击穿，如图 11-3 所示。

图 11-3　故障电流互感器底部密封不严

（2）设备解体检查情况。2015 年 10 月 24 日，在厂家人员的配合下对 110kV 某线 111 间隔 B 相电流互感器进行解体检查，发现 B 相电流互感器电容末屏存在整体放电击穿痕迹，如图 11－4 所示。

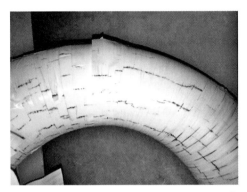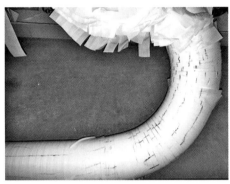

图 11－4　B 相电流互感器解体检查情况

（3）设备更换情况。2015 年 10 月 24 日，变电检修室使用系统内备品对 110kV 某线电流互感器进行更换。新电流互感器型号为 LGBJ－110。现场对备品电流互感器进行试验，试验各相数据合格，具体如表 11－3 和图 11－5、图 11－6 所示。

表 11-3　　　　　　　　　　　备品新电流互感器试验情况

相别	A 相	B 相	C 相
一、绝缘电阻，使用仪器：3121 绝缘电阻表			
一次对二次及地（MΩ）	50 000	50 000	50 000
末屏（MΩ）	50 000	50 000	50 000
二、介质损耗因数，使用仪器：AI－6000E			
接线方式	正	正	正
试验电压（kV）	10	10	10
$\tan\delta$（%）	0.009	0.009	0.011
电容量（pF）	335.1	332.3	337.3
三、工频交流耐压，使用仪器：工频交流耐压机			
加压位置	试验电压	试验时间	试验结果
一次对二次及地	184kV	60s	无闪络、无击穿现象

图 11-5　111 某线电流互感器更换现场

图 11-6　更换后新电流互感器全景图

4　经验体会

（1）设备带电测试发现异常后的处理应及时、快速。该案例中，相关人员在对设备进行红外精确测温后，立即报告并安排复测，很快设备退出运行并检查处理更换，通过及时的分析和处理，将带电测试检测的优势发挥到了极致，避免了隐患的扩大化。

（2）对设备进行红外测温时，要观察细致，不能一扫而过，对任何可疑的发热点均不能放过，发现异常及时反馈报告，待有经验的人员进行再次核对性复测，并于检测后认真整理分析试验报告，有助于隐患的发现消除和原因的进一步综合分析。

（3）对于运行时间较长的设备，应加强巡视，适当缩短 D 类检修周期。

案例十二 110kV 电压互感器发热检测分析

1 案例经过

220kV 某变电站 110kV 2 号母线电压互感器为电容型电压互感器（CVT），由某互感器有限公司生产，型号为 TYD110/√3 – 0.02H，出厂日期为 2008 年 4 月 1 日，于 2008 年 5 月 19 日投运。

2015 年 8 月 31 日，电气试验、电气试验班人员在对某变电站进行红外精确测温时发现 110kV 2 号母线 A 相电压互感器发热，通过对比三相试验数据，A 相最高温度比其他两相最高温度高 2.8K。11 月 15 日对其进行复测，A 相发热现象仍然存在。根据 DL/T 664—2016《带电设备红外诊断应用规范》相关规定，初步判断为电压致热型缺陷，上报运维检修部安排停电处理。

11 月 16 日，电气试验班对 110kV 2 号母线电压互感器进行停电诊断性试验，试验结果显示 A 相下节介质损耗因数为 1.289%，电容量初值差为 2.018 8%，两者均超出 Q/GDW 1168—2013《输变电设备状态检修试验规程》规定的标准值，将试验结果上报后，变电检修室于当天对 110kV 2 号母线 A 相电压互感器进行了更换。

2 检测分析方法

（1）红外测温技术。2015 年 8 月 31 日，变电检修室电气试验班对 220kV 某变电站进行红外精确测温，发现 110kV 2 号母线电压互感器三相温度不平衡，A 相电压互感器最高温度比其他两项高 2.8K，红外精确测温图谱如图 12 – 1 所示。

根据 DL/T 664—2008《带电设备红外诊断应用规范》规定，电压互感器套管发热缺陷为电压致热型缺陷，需对其进行红外跟踪监测并结合停电计划进行停电诊断型试验。

2015 年 11 月 15 日，电气试验班再次对 220kV 某变电站 110kV 2 号母线电压互感器进行红外精确测温，发现发热现象仍然存在，A、B 相间温差为 0.7K，A、C 相间温差为 1.4K，测试结果如图 12 – 2 所示。

（2）停电检查性试验。2015 年 11 月 16 日，变电检修室电气试验班对 110kV 2 号母线电压互感器进行停电检查性试验，试验结果如表 12 – 1 所示。A 相下节介质损耗因数为 1.289%，电容量为 66 050pF，电容量初值为 64 743pF，初值差为 2.018 8%，介质损耗因数和电容量均超标。初步判断电压互感器内部存在故障，未查明原因，变电检修室决定对其进行解体检查。

53

图 12-1　110kV 2 号母线电压互感器红外测温图谱

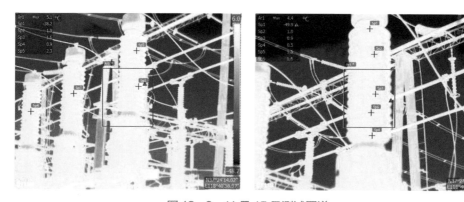

图 12-2　11 月 15 日测试图谱

表 12-1　　　　　　　　　110kV 2 号母线电压互感器试验数据

介质损耗因数及电容量测量（电容式）		试验电压（kV）	tanδ（%）	电容量实测值（pF）	电容量初值（pF）	电容量初值差（%）
A	C11（C1 上）	2	0.094	29 700	29 144	1.907 8
	C2	2	1.289	66 050	64 743	2.018 8
B	C11（C1 上）	2	0.107	29 370	29 536	0.562
	C2	2	0.147	65 000	65 647	0.985 6

续表

介质损耗因数及电容量 测量（电容式）		试验电压（kV）	tanδ （%）	电容量实测值 （pF）	电容量初值 （pF）	电容量初值差 （%）
C	C11（C1 上）	2	0.111	29 470	29 095	1.288 9
	C2	2	0.162	64 960	64 575	0.596 2

试验仪器：介质损耗因数测试仪，仪器编号：HV9003

项目结论：不合格

绝缘电阻（电容式）	A	B	C
	绝缘电阻（MΩ）	绝缘电阻（MΩ）	绝缘电阻（MΩ）
C11（C1 上）	2000	3000	3000
C2	2500	2000	3000

试验仪器：绝缘电阻表，仪器编号：3121

项目结论：合格

3　隐患处理情况

2015 年 11 月 16 日，变电检修室对 2 号母线电压互感器进行了更换，并经试验合格。

在厂家人员的配合下，变电检修室对拆下的 A 相电压互感器进行了解体检查。解体后发现 A 相电压互感器电容中有 2 片可观察到明显的击穿放电点，将电容拆开后可看到内部严重击穿，如图 12-3 所示。

(a)　　　　　　　　　　　　　(b)

图 12-3　电压互感器解体情况（一）

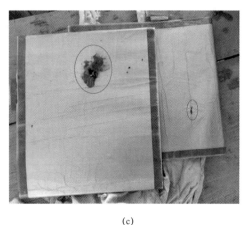

（c）   （d）

图 12-3　电压互感器解体情况（二）

4　经验体会

（1）红外精确测温方法能够有效地发现设备过热缺陷，因此对运行中的设备定期开展红外精确测温是十分必要的，为了能及时发现运行中变电设备包括电流型致热、电压型致热及电磁性致热等过热故障必须加强红外精确测温。

（2）一旦发现某一设备带电测试存在异常后，应进行跟踪复测，必要时进行停电处理并应采用多种试验手段对其进行综合分析，确定设备故障原因及位置。

（3）为了保证变电站设备安全运行，带电检测技术和停电检查试验应相互配合，通过对现场出现问题的发现、检查、分析及处理，能不断积累各种一次设备故障原因及处理方法，提高故障处理效率，保证电网安全运行。

案例十三 110kV 电流互感器末屏过热缺陷检测分析

1 案例经过

220kV 某变电站 110kV116 某线电流互感器为某高压电器有限公司产品，型号为 LB6-126W2，投运日期是 2000 年 3 月 23 日。

2015 年 11 月 2 日，电气试验班对某变电站进行红外精确测温时，发现 110kV 某线 116 间隔 B 相电流互感器末屏处存在过热缺陷，过热点最高温度为 20.1℃（见图 13-1），A、C 相的相应部位温度为 5℃。多个角度观察测量，过热现象依然存在。

图 13-1　116 间隔 B 相电流互感器红外图谱及可见光照片

试验人员立即将此危急缺陷进行汇报，2016 年 1 月 18 日，116 间隔停电后，检修人员对该间隔 B 相电流互感器进行解体检修。

2 检测分析方法

（1）外观检查。2016 年 1 月 18 日，116 间隔停电后对电流互感器进行现场检查，发现 B 相电流互感器末屏接地连片的压接螺杆断开，只有半截螺杆嵌在螺孔中（见图 13-2），末屏接地连片与设备外壳处于虚连状态。

经过检查，在现场找到了断裂的另一截螺杆（见图 13-3）。螺杆断面不平，锈蚀严重，难以判断确切的断裂时间。

（2）电气试验。对三相电流互感器进行主绝缘电阻测试、末屏绝缘电阻测试、主绝缘介质损耗因数及电容量测试、末屏绝缘介损及电容量测试。

图 13-2　B 相电流互感器末屏接地情况

图 13-3　断裂的螺杆

1）绝缘电阻，如表 13-1 所示。

表 13-1　　　　　　　　　　　绝　缘　电　阻

相别	主绝缘电阻（MΩ）		末屏绝缘电阻（MΩ）	
	上次值	本次值	上次值	本次值
A	100 000	45 000	5000	5700
B	100 000	39 100	4000	10 000
C	100 000	60 000	7000	4000
使用仪器	3125 绝缘电阻表	温度	1.7℃	湿度	30%

根据 Q/GDW 1168—2013《输变电设备状态检修试验规程》的规定，电流互感器一次绕组绝缘电阻应大于 3000MΩ，或与上次测量值相比无显著变化，末屏绝缘电阻应大于 1000MΩ。结合表 13-1 中数据，B 相主绝缘及末屏绝缘电阻测试合格。

2）介质损耗因数及电容量，如表 13-2 所示。

表 13-2 介质损耗因数及电容量

相别	主绝缘					末屏			
	电容量（pF）		初值差（%）	介质损耗因数（%）		电容量（nF）		介质损耗因数（%）	
	上次值	本次值		上次值	本次值	上次值	本次值	上次值	本次值
A	793.2	794.5	0.16	0.288	0.231	—	1.493	0.316	0.323
B	791.3	785.6	−0.72	0.250	0.207	—	1.510	0.316	0.283
C	753.9	752.1	−0.24	0.217	0.223	—	1.519	0.369	0.343

根据 Q/GDW 1168—2013《输变电设备状态检修试验规程》的规定，110kV 电容式电流互感器电容量初值差不超过±5%，介质损耗因数小于 1%。根据表 13-2，三相电流互感器主绝缘和末屏的介质损耗因数及电容量均符合标准要求，且三相数值平衡。据此，B 相电流互感器介质损耗因数及电容量测试合格。

3）绝缘油色谱分析，如表 13-3 所示。

表 13-3 绝缘油色谱分析 μL/L

相别	A		B		C	
	本次值	上次值	本次值	上次值	本次值	上次值
H_2	28	36	20	19	24	30
CO	417	395	388	312	445	380
CH_4	6.8	4.9	12	10	10	9.3
CO_2	801	857	692	683	724	680
C_2H_4	0.21	0.52	0.21	0.2	0.11	0.17
C_2H_6	0.82	1.0	0.89	0.5	0.73	0.91
C_2H_2	0	0	0	0	0	0
总烃	7.83	6.42	13.1	10.7	10.84	10.38

根据 Q/GDW 1168—2013《输变电设备状态检修试验规程》的规定，110kV 电流互感器绝缘油中溶解气体标准为：乙炔不大于 2μL/L，氢气不大于 150μL/L，总烃不大于 100μL/L。根据表 13-3，三相电流互感器绝缘油色谱分析数据符合标准要求。

4）红外图谱分析。三相电流互感器套管表面温度一致，B 相套管没有明显温升（见图 13-4）。

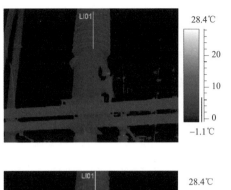

目标参数	数值
辐射系数	0.90
目标距离	2.0m
标签	数值
红外热图：最大值	12.0℃
LIO1：光标	—
LIO1：最大值	5.3℃
LIO1：最小值	2.4℃

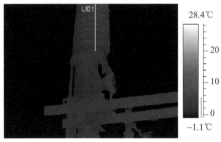

目标参数	数值
辐射系数	0.90
目标距离	2.0m
标签	数值
红外热图：最大值	5.7℃
LIO1：光标	—
LIO1：最大值	5.2℃
LIO1：最小值	2.2℃

图 13-4 电流互感器套管表面红外图谱

（3）试验结论及隐患原因分析。由试验结果得知，B 相电流互感器主绝缘及末屏绝缘符合标准要求，没有发现设备内部绝缘存在老化、受潮现象，对末屏接地修复后可以投运。

1）末屏接地连片压接螺杆断开原因分析。现场检查发现电流互感器末屏及底座表面锈蚀严重（见图 13-5），电流互感器末屏直接暴露于空气中，没有防雨罩等防护装置，在长期运行过程中，末屏引线压接螺杆不断受腐蚀，严重影响其工作寿命，如果螺杆自身质量不佳，更容易导致螺杆断裂。

图 13-5 现场设备器身锈蚀情况

2）电流互感器套管末屏发热原因分析。油浸电容式电流互感器套管的主绝缘结构采用绝缘和铝箔电极交替缠绕在导电管上，组成一串同心圆柱形串联电容器，靠近高压导电部分的第一个屏为首屏，它与一次导电部分相连，最外一层屏称为末屏，通过绝缘瓷套引出接地。在运行中为了保证设备和人身安全，末屏必须可靠接地。

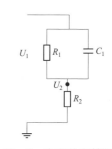

图 13-6　电压分布等效电路

正常运行的电容式电流互感器绝缘中电压分布等效电路如图 13-6 所示。其中 R_1、C_1 分别为电流互感器一次绕组对末屏的电阻和电容，R_2 为末屏对地的电阻，U_1 为电流互感器运行相电压，U_2 为末屏对地电压。

末屏对地电位为

$$U_2 = \frac{R_2}{\left(\dfrac{1}{j\omega c_1} + R_1\right) + R_2} U_1$$

末屏可靠接地时，$R_2 \approx 0$，末屏对地电位 $U_2 \approx 0$。

当末屏接地引线连接螺杆断裂后，接地连片可能与设备外壳完全断开连接或与设备外壳接触不良形成高电阻接地的虚接，对其分别分析如下：

a. 接地连片与设备外壳完全断开连接而悬空时，等效电路如图 13-7 所示，此时

$$U_2 = \frac{\dfrac{1}{j\omega c_2}}{\left(\dfrac{1}{j\omega c_1} + R_1\right) + \dfrac{1}{j\omega c_2}} U_1$$

其中，C_2 为末屏悬空后对地电容，此时，在运行电压下，末屏处存在介于运行电压和零电位之间的悬浮电位。由于电流互感器的主绝缘是 10 多层油纸电容，相当于 10 多层的电容串联而成，一次绕组对地电压均匀地分布在各层之间。当末屏对地绝缘时，整个绝缘上电压分布将变得不均匀，末屏处悬浮电压可能达上千伏，足以造成末屏对地的悬浮放电，悬浮放电的瞬时电流很大，持续电流作用下导致此处过热。

b. 接地连片与设备外壳接触不良形成高电阻接地时，等效电路如图 13-8 所示，其中 R_2' 为接地引线连片与设备外壳之间的高电阻，此时

61

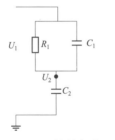

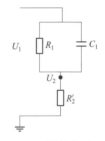

图 13-7　等效电路　　　　　　　　图 13-8　等效电路

$$U_2 = \frac{R_2'}{\left(\dfrac{1}{j\omega c_1} + R_1\right) + R_2'} U_1$$

由于 R_2' 数值较大，U_2 较高，可能造成较大电流而产生过热。

在该次缺陷中，116 间隔电流互感器末屏采用外接引线式的接地结构，没有接地防护措施，接地连片压接螺杆截面比较小，长时间运行后锈蚀严重，加上运行电动力作用下的设备震动，在末屏接地连片处发生螺杆断裂。在螺杆断裂初期，接地连片在机械弹力作用下与外壳还保持连接状态，但属于虚接，接触电阻较大，属于高电阻接地情况。此时，末屏接地电流增大导致其发热，属电流致热型缺陷。

随着机械弹力的减弱，接地连片必然与设备外壳断开连接，形成连片悬空状态。此时，末屏处存在悬浮电位而对设备外壳放电，产生的瞬时放电电流使末屏发热，属于电压致热型缺陷。

3　隐患处理情况

检修人员在末屏端部使用软连线将末屏端部与二次接线盒外壳连接，保证末屏可靠接地（见图 13-9），并对 A、C 相末屏进行了相似处理，形成末屏的双重接地。

图 13-9　现场处理情况

缺陷处理后，2016年1月18日21时，在间隔送电1h后对116间隔电流互感器进行红外复测（见图13-10），三相电流互感器温度平衡，过热现象消失，如图13-10所示。

图13-10　红外图谱

4　经验体会

该次末屏过热缺陷的原因是末屏接地引线压接螺杆断裂，导致处于零电位的末屏处产生悬浮电位，属于电压致热型缺陷，如果不及时处理，将导致末屏套管爆裂，甚至引起电流互感器的爆炸。

为避免此类缺陷的再次发生，结合电气试验专业红外测温工作开展情况，建议采取以下措施：

（1）对类似接地形式的末屏进行改造。电容式电流互感器套管末屏采用接地连片压接接地，末屏直接暴露在空气中，无防雨罩设计，接地可靠性较差，建议利用停电机会检查此类结构的末屏接地情况，更换锈蚀严重的压接螺杆，并对末屏加装第二重接地连接。

（2）缩短红外测温工作周期。根据带电测试工作标准，检修单位对110kV设备红外精确测温一年进行两次。从保证设备安全运行角度考虑，以精确测温周期进行红外测温的时间跨度过长，建议运维班组日常巡视时开展红外普测工作，加强对套管发热的电压致热型缺陷的检测，以及时发现过热缺陷。

（3）增强班组检测仪器配置。建议为电气试验班配置长焦红外镜头、望远镜及笔记本电脑，方便现场对设备缺陷部位的精确观测，并及时利用软件对过热点进行精确测温，对设备过热点及时定位，以便于后续消除缺陷工作的快速、正确开展。

案例十四 220kV 电流互感器过热检测分析

1 案例经过

220kV 某变电站 220kV 某线 211 间隔 SF$_6$ 电流互感器，型号为 LB－220W2/2×750，于 1997 年 7 月投运。2015 年 4 月 21 日，变电检修室电气试验班人员进行带电测试工作中，发现某线 A 相电流互感器一次绕组连接铜排处温度异常，最高温度为 46.44℃，正常相温度为 23℃。2015 年 8 月 18 日和 11 月 2 日，试验人员分别对某线进行复测，过热点仍然存在。

2016 年 1 月 6 日，变电检修室将某线停电后检查电流互感器，发现 A 相一次绕组连接铜排与过电压保护器之间的连接线接头锈蚀严重，存在接触不良的情况。检修人员随即将连接线进行了更换，消除缺陷送电后，过热现象消失。

2 检测分析方法

（1）红外测温情况。2015 年 4 月 21 日，变电检修室电气试验班对 220kV 某变电站进行带电测试过程中，发现 220kV 某线 A 相电流互感器温度异常，过热点位置为电流互感器一次绕组铜排接头，温度为 46.44℃，如图 14－1 所示，此时线路负荷为 260A。

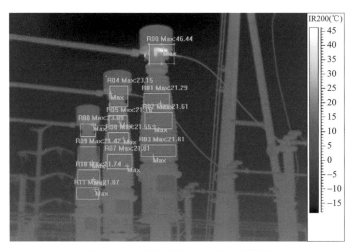

图 14－1 某线电流互感器红外图谱

现场观察过热点位置，如图 14－2 所示，电流互感器一次绕组 C、P 端子为并联结构，其中 L1 端子与过电压保护器相连，以钳位 L1、L2 之间压差，如图 14－3

所示。

图 14-2 过热点位置可见光照片

由图 14-1 可知，过热点靠近 L1 端子附近，根据电流互感器结构，初步判断过热点可能为：① L1 与导线连接处螺栓；② C1 端螺栓接接头；③ 过电压保护器与 L1 接头；④ 过电压保护器本体。在向相关领导及部门汇报后，决定在线路停电消除缺陷前进行跟踪测试。

（2）复测情况。2015 年 8 月 18 日和 11 月 2 日，分别对某变电站某线再次进行红外

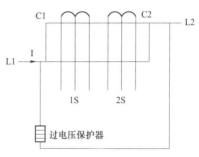

图 14-3 电流互感器接线示意图

测温，A 相电流互感器过热点依然存在，测试温度及红外图谱见表 14-1、图 14-4 和图 14-5。两次测试时某线负荷分别为 370A 和 200A。

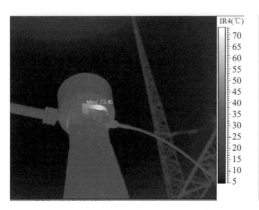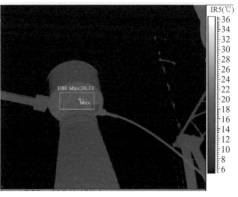

图 14-4 2015 年 8 月 18 日某线 A、B 相红外图谱

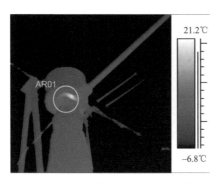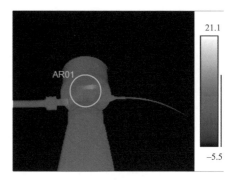

图 14-5 2015 年 11 月 2 日某线 A、B 相红外图谱

表 14-1   两次复测热点温度及负荷统计

测试日期	过热点温度（℃）	B 相正常相温度（℃）	负荷（A）
2015 年 8 月 18 日	73.45	36.77	370
2015 年 11 月 2 日	23.65	12.52	200

图 14-6 两次测温时负荷电流和热点温度柱图

分析两次测温时负荷电流和热点温度的关系，如图 14-6 所示，可以发现，热点温度与负荷电流大小呈正相关特征，符合电流致热型缺陷发热功率 $P = I^2 R_T$ 的规律。对于电压致热型缺陷，其热点温度受电压影响较大，负荷电流对其影响较小。根据以上分析，确定发热点缺陷为电流致热型缺陷。

3 隐患处理情况

2016 年 1 月 6 日，将 220kV 某线停电后，检查 A 相电流互感器一次接线端子，发现一次绕组铜排与过电压保护器软连接接头处螺栓锈蚀严重，如图 14-7 所示。

正常情况下一次绕组与过电压保护器之间电流非常小，但在接头锈蚀的情况下，由于电阻值较大，软连接接头处仍然会存在电流致热现象。在接头锈蚀严重的情况下断开连接，过电压保护器将不能发挥钳位 L1、L2 之间电压差的作用，一旦有过电压通过，会对电流互感器一次绕组产生电流。现场检修人员立即对接头锈蚀进行了处理，送电后复测，过热现象消除，如图 14-8 所示。

图 14-7　某线 A 相电流互感器绕组与过电压保护器软连接照片

图 14-8　消除缺陷后复测情况

4　经验体会

（1）红外测温过程中发现过热点，应根据设备结构特点，初步确定缺陷位置，指导相关消除缺陷工作。

（2）户外安装的一次设备，容易受环境因素影响，经常存在腐蚀、生锈等情况。应加强日常巡视检查，结合停电预试工作对缺陷进行处理，提高设备运行的安全性。

案例十五 220kV 电流互感器线夹过热缺陷检测分析

1 案例经过

2015 年 10 月 21 日，电气试验班的工作人员在执行 220kV 某红外精确测温时，发现 220kV 某线 212 间隔电流互感器线夹过热，认为有可能是线夹螺栓松动等故障。

2015 年 12 月 14 日，检修人员对 220kV 某线 212 间隔电流互感器线夹进行解体检修，发现该线夹螺栓松动，导致线夹接触不良，且线夹有老化情况，更换了新的线夹后，再次进行红外测温，没有过热情况。

2 检测分析方法

2015 年 10 月 21 日，电气试验班的工作人员在执行 220kV 某红外测温时，发现 220kV 某线 212 间隔电流互感器线夹过热，红外测温的具体参数、试验环境及测温图谱，如图 15-1 所示，线夹的最高温度为 82.2℃，温差为 55.1K，结合 DL/T 664—2016《带电设备红外诊断应用规范》的附表 A.1，热点温度超过 80℃或介质损耗因数 80%，即为严重缺陷，可初步诊断为线夹接触不良造成过热。

(a)

图 15-1 红外测温的具体参数、试验环境及测温图谱（一）

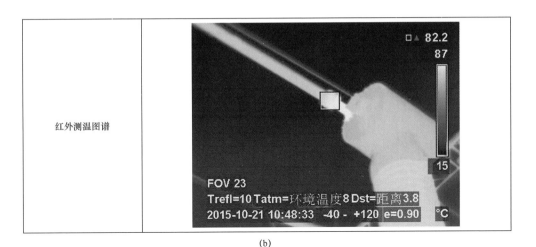

(b)

图 15-1 红外测温的具体参数、试验环境及测温图谱（二）

3 缺陷处理情况

通过红外测温，怀疑过热的原因是线夹螺栓松动。停电后，检修人员将线夹解体检查，发现用以固定线夹的螺栓松动，而螺栓松动导致螺栓和线夹间出现气隙，如图 15-2 所示。螺栓松动导致螺栓和线夹间存在气隙，气隙导致电导率变小，电阻变大，其等效电路如图 15-3 所示，根据焦耳定律

$$Q = I^2 R \tag{15-1}$$

可知，电阻原本是螺栓+线夹+管母，由于螺栓松动导致电阻增大到螺栓+线夹+管母+气隙，而气隙的电阻又远大于螺栓本身的电阻，所以，其消耗的能量变大很多，产热变大，导致过热缺陷。

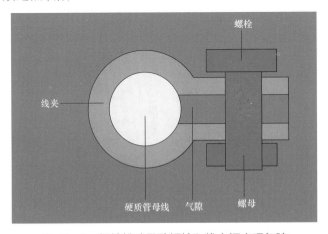

图 15-2 螺栓松动导致螺栓和线夹间出现气隙

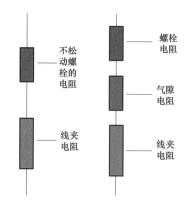

图 15-3 螺栓松动后其电阻等效电路图

同时，检修人员发现，线夹本体老化，多处涂漆脱落，可见涂漆也存在老化现象，涂漆去除后出现了十分细微的开裂情况，如图 15-4 所示。因此更换新的线夹和螺栓，如图 15-5 所示。

图 15-4 线夹本体老化

图 15-5 检修人员更换新的线夹

然后进行红外精确测温，其红外图谱如图 15-6 所示，可见，缺陷相线夹已经恢复正常。

图 15-6　更换线夹后红外图谱

4　经验体会

（1）作为带电检测的一种手段，红外测温可以精确地检测出设备过热缺陷，加强带电测试工作，及时处理带电测试过程中发现的问题。发现数据异常后，结合停电进行进一步检查、试验。

（2）制定有效的带电测试方案，结合设备结构，有针对性地进行故障排查，才能提高故障判断率。

（3）加强设备巡检力度。在日间正常巡视期间加强对线夹等的巡检力度，对于铜制、铝制线夹发热变色情况进行认真比对分析，及时发现主变压器发热隐患。

案例十六 220kV 电容式电压互感器发热缺陷检测分析

1 案例经过

某供电公司 220kV 某变电站 220kV 某线 212 断路器间隔电容式电压互感器为某变压器厂生产，型号为 JCC5－220W2，于 1990 年 5 月 27 日投运。该电容式电压互感器中间变压器为外置式结构。

2015 年 5 月 8 日，某公司变电检修室电气试验班开展带电检测工作，通过测试，发现 220kV 某线 212 断路器间隔电容式电压互感器中间变压器接头处温度过高（51.77℃，环境温度为 21℃，环境湿度为 56%）。6 月 10 日，对该处缺陷进行了复测，温度为 57.6℃，环境温度为 28℃。

2015 年 7 月 28 日上午 7 时 30 分，变电检修室组织班组对 220kV 某线 212 断路器间隔线路电压互感器发热缺陷开展处理工作，于 13 时 4 分检修结束。

2 检测分析方法

2015 年 5 月 8 日，电气试验班开展带电检测工作，通过测试，发现 220kV 某线 212 断路器间隔电容式电压互感器中间变压器接头处温度过高（51.77℃，环境温度为 21℃，环境湿度为 56%），夜间可见热点明显，如图 16－1 所示。

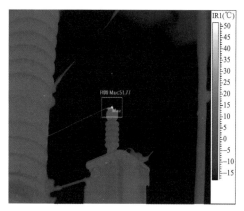

图 16－1 220kV 某线 212 电容式电压互感器中间变压器接头部位可见光照片及红外测温照片

6 月 10 日，对该处缺陷进行了复测，温度为 57.6℃，环境温度为 28℃。如图 16－2 所示。

依据 DL/T 664—2008《带电设备红外诊断应用规范》判断标准：电气设备与金属部件的连接，接头和线夹，热像特征为以线夹和接头为中心的热像，热点明显；

一般缺陷（温差不超过 15K，未达到重要缺陷的要求），严重缺陷（热点温度大于 80℃或介质损耗因数 $\tan\delta \geqslant$ 80%），危急缺陷（热点温度大于 110℃或 $\tan\delta \geqslant 95\%$）。某线线路电压互感器的缺陷点温差为 19K，超过一般缺陷标准（温差不超过 15K），属于电流致热型缺陷，但是夜间肉眼可明显见到热点，若缺陷部位劣化加速，会导致 220kV 线路停运故障，所以应及时进行处理。

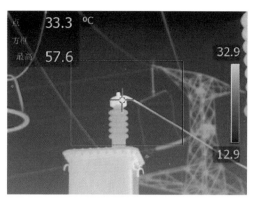

图 16-2　220kV 某线 212 电容式电压互感器中间变压器红外照片

3　隐患处理情况

7 月 28 日，检修人员对 220kV 某线 212 断路器间隔进行了停电检修，处理该间隔电容式电压互感器中间变压器接头部位发热缺陷。检查发现，中间变压器顶端接头为铁铝接触，电化学腐蚀严重，通过活动接头，内部有大量橘黄色颗粒氧化物渗出，如图 16-3 所示。顶部固定用的锥桶形螺母在电化学腐蚀的作用下，已与套管中轴连为一体。

图 16-3　中间变压器顶端接头氧化物

现场将内部氧化物颗粒清理干净后，重新紧固，并用铝线填塞接头空隙，用防水胶全面封装，避免氧化，如图 16-4 和图 16-5 所示。

图 16-4　接头部位嵌入铝丝

图 16-5　涂抹防水胶

处理完成后,试验人员对绝缘电阻、介质损耗因数、电容量进行了测试,试验结果(见表16-1、表16-2)均合格,可以投运。

表16-1   绝 缘 电 阻 试 验 结 果   MΩ

相别	一次绕组	二次绕组
A	1400	800

表16-2   介质损耗因数及电容量试验

相别	$\tan\delta$(%)	电容量实测值(pF)	电容量初值(pF)
A	1.826	423.1	—

220kV某线212断路器间隔送电投运后,某公司进行了红外测温,结果正常,如图16-6所示。

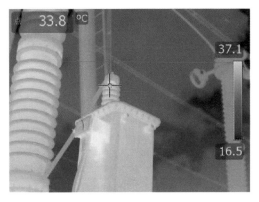

图16-6   停电检修后红外测温图谱

4 经验体会

(1)检修中加强对铁铝直接接触接头的排查,对类似问题及早发现并及时处理,防患于未然。

(2)结合技术改造工作,更换运行时间较长的变电设备。

(3)对于运行时间较长的设备,加强巡视,适当缩短 D 类检修周期。

案例十七 110kV 电流互感器罐体内部发热异常检测分析

1 案例经过

110kV 某变电站 110kV 某Ⅰ线某Ⅰ支线是某互感器有限公司的产品,电流互感器型号为 LRB-110,于 2013 年 1 月投入运行。

2018 年 4 月 25 日 18 时,变电检修室电气试验人员对 110kV 某变电站进行红外精确测温中发现:110kV 某Ⅰ线某Ⅰ支线的断路器下端电流互感器罐体出现发热特征,较断路器上端电流互感器正常部位的最大温差接近 2℃。现场变换拍摄角度,同时排除其他热源干扰后发热特征仍然存在。然后进行超声波和特高频局部放电检测,未检测到放电信号。

4 月 26 日,试验人员进行第二次红外精确测温,发热特征不变。

变电检修室随即做出安全预警,并上报调度 110kV 某Ⅰ线某Ⅰ支线转为热备用状态。同时,检测人员将热备用状态下的电流互感器进行复测,发热特征消失。

测试人员经过分析,怀疑电流互感器二次回路存在开路,从而导致电流互感器罐体内部铁芯发热。

4 月 27 日,变电检修室二次检修人员对 110kV 某Ⅰ线某Ⅰ支线汇控柜进行了检查处理,发现 110kV 某Ⅰ线某Ⅰ支线断路器下端电流互感器二次侧的确有两个端子开路,并且已出现烧蚀迹象,工作人员将开路的两个端子进行短接接地处理。当日处理完毕后恢复送电并带负荷运行。

4 月 28 日,试验人员对 110kV 某Ⅰ线某Ⅰ支线进行了复测,发现断路器下端电流互感器罐体发热现象消失,缺陷消除。

2 检测分析方法

(1)组合电器红外精确测温。2018 年 4 月 25 日,在对 110kV 某变电站的红外精确测温中发现,110kV 某Ⅰ线某Ⅰ支线的断路器下端电流互感器罐体出现发热特征,与断路器上端电流互感器正常部位的最大温差达到 1.7K,其他间隔无发热情况,如图 17-1 和图 17-2 所示。

由图 17-1 可知,110kV 某Ⅰ线某Ⅰ支线的断路器下端电流互感器罐体发热明显,最高温度为 24.7℃,而相邻部位温度为 23.0℃,最大温差接近 2℃。相对温差为(24.7-23.0)/(24.7-22.8)=89.5%。根据 DL/T 664—2016《带电设备红外诊断应用规范》,电流互感器相对温差超过 80%,属于严重缺陷。

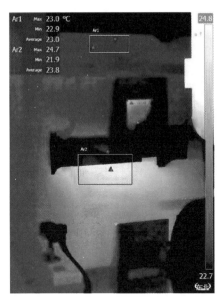

图 17-1 110kV 某 I 线某 I 支线的断路器下端电流互感器红外精确测温图谱

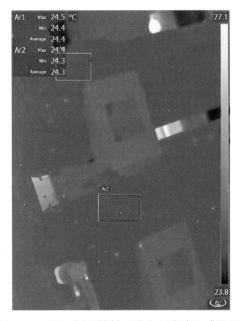

图 17-2 110kV 某 II 线某 II 支上下电流互感器无发热

从以下几个方面进行缺陷排除：

1）从下端电流互感器罐体的发热特征分析，下端电流互感器罐体比上端电流互感器罐体整体发热，且发热图谱特征呈现明显的均匀辐射状，因此可以排除发射率因素造成的干扰，确定有发热源。

2）检测人员仔细检查设备周围，除了电压互感器罐外，无其他温度高于23℃的热源，且上端电流互感器罐体不热，排除电压互感器罐热辐射造成下端电流互感器发热的可能，从而确定发热来自下端电流互感器罐本身。

3）下端电流互感器罐体的最热点位于上部中心，只有两种可能：一种是发热源位于罐体壳体；另一种是发热源位于罐体内部。如果是第一种情况，仅会造成下端电流互感器上半部分的极小区域发热，而不是电流互感器罐体整体发热。因此确定发热源为下端电流互感器罐体内部，属于组合电器内部发热。

最终检测人员认定，110kV某Ⅰ线某Ⅰ支线断路器下端电流互感器罐体内部存在故障发热。

4月26日，试验人员进行第二次红外精确测量，发热特征不变，如图17-3所示。

图17-3　某变电站110kV某Ⅰ线某Ⅰ支线断路器下端电流互感器罐体红外精确测温图谱

4月26日，某Ⅰ线某Ⅰ支线转热备用，试验班工作人员再次进行红外测温，下端电流互感器罐体发热消失。

考虑组合电器特殊的设备结构，内部SF_6气体导热性较差，虽然壳体外部显示温差虽然仅有2K，但罐体内部设备的实际情况要严重得多。

检测人员分析导致电流互感器罐体发热的原因通常有三种：① 电流互感器一次断线或接触不良；② 电流互感器二次断线或接触不良；③ 铁芯发热。

图谱中发热温度最高的部位与导体触头位置不一致，大概率排除第一种可能。因此检测人员大胆猜测：电流互感器存在二次断线导致罐体内部发热。

（2）超声波和特高频局部放电检测。由于电流互感器一次断线或解除不良，必然会产生强烈的悬浮放电信号。因此现场进行超声波和特高频局部放电检测，结果无异常，测试图谱如图17-4和图17-5所示，从而排除电流互感器一次断线或接触不良的可能。

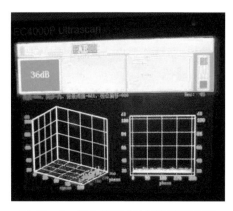

图 17-4 某 I 线某 I 支线断路器下端
电流互感器超声波图谱

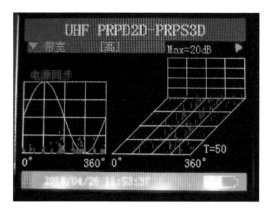

图 17-5 某 I 线某 I 支线断路器下端
电流互感器特高频图谱

3 隐患处理情况

4月27日，变电检修室二次运检班对110kV某 I 线某 I 支线进行现场检查，发现某 I 支线断路器下端电流互感器二次侧有两个端子（1S1B 和 1S1C）通过连片连接后接地，因长期运行连片松动，造成1S1B端子开路，并且已出现烧蚀痕迹。

由于二次开路，导致一次励磁电流增大，磁通增大，从而导致铁芯温度持续升高，长此以往可能导致铁芯烧毁、组合电器击穿，甚至爆炸。

二次检修人员随即对 110kV 某 I 线某 I 支线断路器下端电流互感器二次端子进行短接接地处理，如图 17-6 所示。

现场检查无其他缺陷后，恢复送电并带负荷运行。

4月28日，试验人员对110kV某 I 线某 I 支线进行了复测，发现某 I 支线断路器下端电流互感器罐体发热现象消失，与断路器上端电流互感器正常部位温度相差 0.1K，证明缺陷消除，如图 17-7 所示。

4 经验体会

（1）通过红外测温发现组合电器发热的缺陷通常很少，一旦发现组合电器发热，通常内部实际情况要比外部看到的严重得多，因此对组合电器进行红外精确测温是必不可少的。

（2）组合电器发热虽然概率较小且难以发现，但是现存的组合电器发热案例通常都十分具有典型性，此案例中的电流互感器二次开路造成组合电器罐体内部铁芯发热，属于气体绝缘电流互感器比较典型的缺陷类型。若未及时发现，铁芯温度继续升高，可能导致铁芯烧毁、组合电器击穿，甚至爆炸。

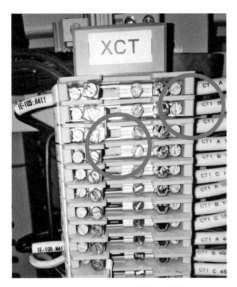

图 17-6　将开路的两端子短接接地

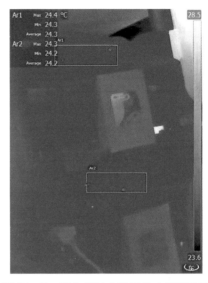

图 17-7　送电后某Ⅰ线某Ⅰ支线断路器
上、下端电流互感器温度一致

（3）二次设备异常同样可以导致一次设备温度异常，因此加强二次设备和接线
端子排等设备的测温同样具有十分重要的意义。

案例十八 220kV 电压互感器发热异常检测分析

1 案例经过

220kV 某变电站 220kV 某线 213 间隔，设备型号为 TYD2－220/√3－0.01H，生产日期为 2001 年 9 月，投运日期为 2002 年 8 月。

2018 年 10 月 17 日，电气试验班对 220kV 某变电站进行红外测温，发现 220kV 某线 213 间隔 A 相电压互感器中间变压器油箱温度异常，达到 66℃。重复对该电压互感器进行红外精确测温，发现最高温度达到 79℃。2018 年 10 月 18 日，检修人员执行第一种工作票对该电压互感器进行试验检查，并进行更换。随后对该电压互感器进行解体分析，发现与辅助绕组并联的速饱和电抗器严重烧损。

2 检测分析方法

2018 年 10 月 17 日，电气试验班对 220kV 某站进行红外测温，发现 220kV 某线 213 间隔 A 相电压互感器中间变压器油箱温度异常，温度高达 66℃，环境参照体温度为 19℃，红外图谱如图 18－1 所示。

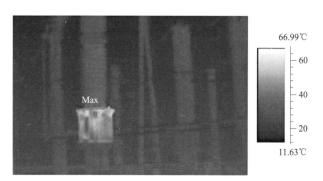

图 18－1 220kV 某线 213 间隔 A 相电压互感器红外图谱

电气试验班对 220kV 某线 213 间隔 A 相电压互感器进行红外精确测温复测，发现最高温度达到 79℃，红外图谱如图 18－2 所示。

3 隐患处理情况

2018 年 10 月 18 日，检修人员执行第一种工作票对该电压互感器进行试验检查,试验人员对该电压互感器电磁单元进行二次绕组直流电阻测试,数据如表 18－1 所示。

图 18-2　220kV 某线 213 间隔 A 相电压互感器复测红外图谱

表 18-1　　　　　　　　　　电磁单元二次绕组直流电阻

二次绕组	1a~1n	2a~2n	da~dn
11 月 2 日测试数据	0.027	0.050 4	0.334
交接试验数据	0.026 6	0.050 7	0.332

取该电压互感器电磁单元油样进行油色谱试验分析，数据如表 18-2 所示。

表 18-2　　　　　　　　　电压互感器电磁单元油色谱试验数据

H_2	CO	CO_2	CH_4	C_2H_4	C_2H_6	C_2H_2	总烃
1258	1298	9226	1257.7	3588.9	4857.3	0	9703.9

进行油中微水检测，微水含量为 56.8mg/L，根据上述数据分析，可以看出：

（1）红外图谱显示温度最高点为二次接线盒与箱体接合处，整个箱体温度很高，表明发热能量较大。

（2）二次绕组直流电阻变化不大，中间变压器二次绕组故障可能性较小。

（3）油中溶解气体各组分含量超出注意值，应用三比值判断为内部存在 300～700℃严重高温故障。

10 月 18 日，将该电压互感器进行解体，解体时将下节电容器用吊车吊起，测量其电容量，测试结果与出厂无明显差异，如表 18-3 所示。

表 18-3　　　　　　　　　　电 容 量 测 试 数 值　　　　　　　　　　　μF

测试部位	出厂值	实测值
C21	0.020 6	0.020 5
C22	0.100 8	0.100 2

抽干绝缘油后，发现并联在辅助绕组上的速饱和电抗器有明显的烧损痕迹，与速饱和电抗器串联的阻尼电抗也被严重烧损，如图18-3和图18-4所示。

图18-3　电感线圈烧损情况

图18-4　阻尼电阻烧损情况

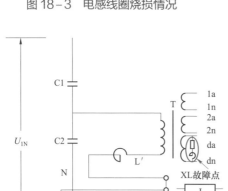

图18-5　故障原理示意图

根据现场解体检测结果，分析故障原因为：由于漆包线质量问题或者安装工艺问题，导致电压互感器的二次辅助绕组的速饱和电抗器存在绝缘缺陷，运行中，绝缘薄弱点被击穿，导致匝间短路，从而流过速饱和电抗器和阻尼电阻上的电流增加、温度升高，从而导致速饱和电抗器和阻尼电阻烧损，红外测温及油色谱试验数据出现异常。故障原理如图18-5所示。

4　经验体会

（1）红外精确测温技术是发现某设备缺陷的有效手段，具有不停电、准确、快速的优点，应用红外精确测温技术对带电设备表面温度场进行检测和诊断，可及时发现设备的异常和缺陷情况，为设备状态检修提供依据，提高了设备运行的可靠率。

（2）必须加强对电容式电压互感器、避雷器、电容式套管等设备的精确测温工作，及时准确地发现设备异常发热部位，及早排除事故隐患。

（3）电压互感器缺陷需要结合红外精确测温和其他试验、油色谱试验数据综合分析确定，避免盲目定论。

案例十九 110kV 电流互感器支柱绝缘子红外检测异常检测分析

1 案例经过

2018 年 6 月 13 日，某供电公司电气试验班人员在对 220kV 某变电站全站红外精确测温检测中发现，110kV 某线 111 间隔电流互感器支柱绝缘子 C 相异常发热，支柱绝缘子中部呈现环绕一周的热像，现场检查发现该支柱绝缘子为硅橡胶制作，C 相温度为 35.5℃，A 相相同位置温度为 32℃，B 相相同位置温度为 32.1℃，温差为 3.6K，温差较大。

2018 年 8 月 25 日，电气试验班人员与变电检修二班人员对 110kV 某线 111 间隔电流互感器进行停电检查，排除因污秽造成支柱绝缘子发热的原因，判断为电流互感器支柱绝缘子外绝缘复合硅橡胶存在老化开裂现象引起的发热。随即变电检修二班人员对 110kV 某线 111 间隔电流互感器进行整体更换，消除该缺陷。

2 检测分析方法

（1）检测基本信息。2018 年 6 月 13 日，电气试验班人员用 P30 型红外检测仪对 110V 某线 111 间隔电流互感器支柱绝缘子 C 相进行红外精确测温，发现异常。

（2）红外热像检测。2018 年 6 月 13 日，电气试验班人员对 220kV 某变电站全站进行红外精确测温检测，检测过程中发现 110kV 某线 111 间隔电流互感器支柱绝缘子 C 相异常发热。220kV 某变电站 110kV 某线 111 间隔电流互感器支柱绝缘子红外图谱如图 19-1 所示。

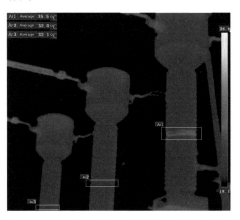

图 19-1 220kV 某变电站 110kV 某线 111 间隔电流互感器支柱绝缘子红外图谱

由图 19-1 可知，110kV 某线 111 间隔电流互感器 C 相支柱绝缘子第 14 片伞裙处有一条明显环绕四周的发热带，温度为 35.5℃。A 相支柱绝缘子相同位置温度为 32.1℃，C 相支柱绝缘子相同位置温度为 32℃，均没有明显发热点。

综上所述，110kV 某线 111 间隔电流互感器 C 相支柱绝缘子第 14 片伞裙处的相对温差为 3.5K，根据 DL/T 664—2016《带电设备红外诊断应用规范》，该图像符合绝缘子电压致热型发热的基本特征，且温差较大。如长期运行，会对 110kV 某线电流互感器设备安全稳定运行产生重大隐患。

3　隐患处理情况

2018 年 8 月 25 日，变电检修室安排检修人员、试验人员赴现场开展 110kV 某线电流互感器停电检查，并进行消除缺陷工作。

图 19-2　110kV 某线 111 间隔电流
互感器 C 相支柱绝缘子可见光

现场试验人员怀疑 110kV 某线 111 间隔电流互感器支柱绝缘子 C 相第 14 片伞裙处发热是因为污秽造成的。但经过观察，发现该支柱绝缘子上下每个瓷裙的污秽程度一致，排除污秽造成的发热。随后试验人员使用抹布对支柱绝缘子进行了擦拭清洁，发现 C 相支柱绝缘子第 14 片伞裙处外绝缘复合硅橡胶存在老化开裂现象，如图 19-2 所示。

现场检修人员认为，对该支柱绝缘子通过专用阻燃溶剂清洁外绝缘表面后，喷涂防污闪涂料进行保护，可以消除该发热问题。但该处理方法对于电流互感器短期内运行尚可，长期运行仍存在较大风险，决定对 110kV 某线 111 间隔电流互感器进行整体更换，如图 19-3 所示。

图 19-3　110kV 某线 111 间隔电流互感器更换照片

2018 年 9 月 10 日，试验人员再次对更换后的 110kV 某线 111 间隔电流互感器支柱绝缘子进行红外精确复测，如图 19-4 所示，确认缺陷消除。

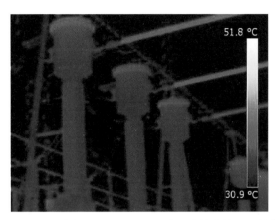

图 19-4　110kV 某线 111 间隔电流互感器支柱绝缘子红外复测图谱

4　经验体会

（1）红外测温是查找、诊断设备发热缺陷的有效手段，在带电测试及隐患排查工作中发挥着重要作用，在日常带电测试工作中，应加强红外热像检测巡检与红外精确测温工作。

（2）部分变电站内电流互感器安装有复合式支柱绝缘子支撑，尤其是敞开式变电站内数量较多，但因其不是主设备，而且与站内悬式绝缘子可以开展停电测量绝缘电阻或带电测量分布电压等检测方法不同，对支柱绝缘子支撑绝缘状态关注较小，为此开展红外精确测温工作是发现绝缘子问题的有效手段。

（3）该次所发现电流互感器外绝缘复合硅橡胶存在老化开裂现象，如果未及其处理，很容易造成爬电闪络等绝缘击穿现象，给电网造成重大事故。此类缺陷在同厂同批次设备中表现明显，均存在不同程度的表面老化现象，建议对此类设备加强监测，必要时更换。

案例二十 220kV 电流互感器红外检测发热异常检测分析

1 案例经过

2018 年 3 月 7 日,某变电检修室电气试验班工作人员对 220kV 某变电站进行年度带电检测工作,发现 220kV 某 I 线 210 间隔电流互感器异常发热,呈现环绕一周的热像。该电流互感器外绝缘为硅橡胶制成,C 相温度偏高为 35.6℃,A 相温度为 33℃,B 相温度为 33.4℃,最大温差为 2.6℃。

经过分析排除污秽造成发热的可能,判断由于电流互感器外绝缘复合硅橡胶存在老化开裂现象。3 月 18 日,检修人员对电流互感器进行更换处理,缺陷消除。

2 检测分析方法

(1)检测基本信息。2018 年 3 月 7 日,变电检修室试验班工作人员用 T660 型红外测温仪对 220kV 某 I 线 210 间隔电流互感器进行年度带电检测工作,发现异常。

(2)红外检测分析。2017 年 3 月 7 日,试验人员在对 220kV 某变电站红外测温时,发现 220kV 某 I 线 210 间隔 C 相电流互感器发热,C 相温度偏高为 35.6℃,A 相温度为 33℃,B 相温度为 33.4℃,最大温差为 2.6℃,如图 20-1 所示。试验人员怀疑是污秽造成的发热,但经过观察,发现该电流互感器处于同环境每个伞裙的污秽程度一致,排除因为污秽造成的发热。试验人员通过使用绝缘杆绑住抹布擦拭的方法,对外绝缘进行局部擦拭,发现电流互感器外绝缘复合硅橡胶存在老化开裂现象,如图 20-2 所示。

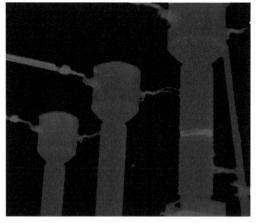

图 20-1 220kV 某 I 线 210 间隔电流
互感器红外测温图谱

图 20-2 220kV 某 I 线 210 间隔
C 相电流互感器可见光照片

该电流互感器为上海某互感器有限公司产品,某公司共有 5 座变电站安装 7 组电流互感器,均为 2002～2003 年时期出厂,在运时间都为 12～14 年,根据前期统一检查发现,存在明显裂纹的设备有 3 组;其余 3 组 220kV 电压等级电流互感器由于表面脏污、观测角度等问题,未直接观测到明显的裂纹,但经过对拍摄照片的详细观测,判断其存在疑似轻微裂纹,需要结合停电进行进一步检查判断;还有 1 组 110kV 电流互感器由于投运时间较短,未发现表面裂纹现象。

总体分析,上海某互感器有限公司于 2002～2003 年出产的电流互感器,外绝缘采用常温硫化硅橡胶工艺,耐腐蚀和抗老化能力相对于高温硫化工艺较弱;其次由于设备运行环境差异,均存在不同程度的表面老化现象。

3 隐患处理情况

针对上述情况,可通过专用阻燃溶剂清洁外绝缘表面后,喷涂 PRTV 进行保护,清洁及喷涂过程中需注意防止碰掉外绝缘硅橡胶设备。经上述处理后短期内尚可运行,长期运行风险较大,建议进行更换。

为确保该变电站的安全运行,变电检修室于 2018 年 3 月 18 日,对某Ⅰ线 210 间隔电流互感器进行整组更换,经过后期红外测温复测,缺陷消除,如图 20-3 及图 20-4 所示。

图 20-3 更换电流互感器前照片　　图 20-4 更换电流互感器后照片

送电后进行红外测温复测,温度无异常,如图 20-5 所示。

4 经验体会

(1)该次所发现电流互感器外绝缘复合硅橡胶存在老化开裂现象,如果未及时处理,很容易造成爬电闪络等绝缘击穿现象,给电网造成重大事故,此类缺陷在同厂同批次设备中表现明显,均存在不同程度的表面老化现象,建议对此类设备加强监测，必要时更换。

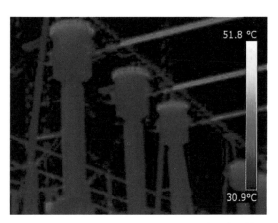

图 20-5　220kV 某 I 线 210 间隔电流互感器复测红外图谱

（2）上海某互感器有限公司生产的此类设备运行时间都为 12～14 年，说明此类设备缺陷在初期不易发现，建议在进行设备验收时，加强把关。

第三篇　互感器二次侧检测异常典型案例

案例二十一 500kV 电压互感器二次电压异常检测分析

1 案例经过

2016 年 6 月 2 日，某变电站对 220kV 母线、某 I、II 线，2、3 号主变压器 220kV 侧启动送电。在对某变电站 220kV 1 B 母线电压互感器与 220kV 某 II 线线路电压互感器同电源核相时，发现 220kV 某 II 线线路电压互感器 A 相的二次电压为 57V，明显低于 B 相（60.8V）和 C 相（60.8V）。电压偏差率为 -6.25%，电压互感器变压比为 2340，明显高于额定变压比 2200。

该电压互感器型号为 TYD220/$\sqrt{3}$ −0.005H，生产厂家为某电容器有限责任公司，出厂时间为 2015 年 8 月。对发生类似问题的 220kV 某 I 线 C 相电压互感器进行现场解剖，初步断定该电压互感器出现 C2 电容击穿。

2 检测分析方法

（1）准确度测试。在完整的设备上进行准确度测试（见图 21−1）。给设备施加工频电压，逐渐增大电压，在 25%额定电压时，测试结果显示电压偏移为 -6.8%。

图 21−1 完整设备的准确度测试

对电容分压器电容量及介质损耗因数进行测量，具体如下：

1）对上节电容分压器 C11 施加 10kV 电压，测试其电容量及介质损耗因数，结果如表 21-1 所示。

表 21-1　　　　　　　　　　　电容量及介质损耗因数

项目	试验值	铭牌值	误差
电容量（pF）	10 155	10 150	0.05%
介质损耗因数（%）	0.065	—	—

对上节电容分压器进行耐压试验，在 C11 两端施加工频 242kV 电压，持续 1min，再次测量其电容量和介质损耗因数，如图 21-2 和图 21-3 所示，电容量为 10 157.4pF，介质损耗因数为 0.088%。

图 21-2　对上节电容分压器耐压试验后实测电容量和介质损耗因数

图 21-3　上节电容分压器铭牌值

2）将下节电容分压器从底座上拆除后（见图 21-4～图 21-7），对 C 和 C12 分别施加 10kV 电压，测量其电容量和介质损耗因数（C 为 C12 和 C2 的串联），如表 21-2 所示。

图 21-4　下节电容分压器试验图

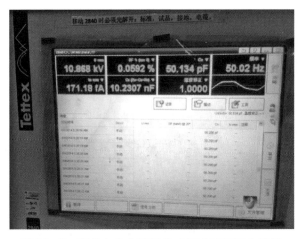

图 21-5　下节电容分压器 C 实测电容量和介损值

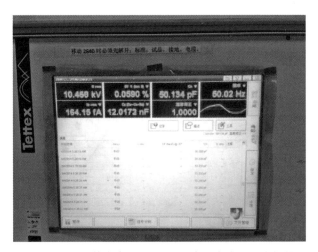

图 21-6　下节电容分压器 C12 实测电容量和介损值

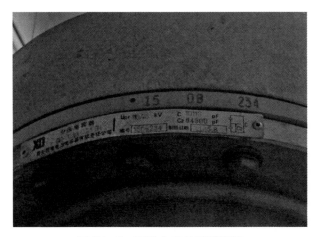

图 21-7 下节电容分压器铭牌

表 21-2 电容量和介质损耗因数

测试部位		试验值	铭牌值	误差（%）
C	电容量（pF）	10 230.7	10 110	1.2
	介质损耗因数（%）	0.059 2	—	—
C12	电容量（pF）	12 017.2	—	—
	介质损耗因数（%）	0.059	—	—

由 C12 和 C2 串联得 C，可算出 C2 的电容量为 68 818.6pF，而 C2 铭牌值为 64 300pF，误差为 7%，远远大于允许误差±2%。

结论：准确度测试电压偏移 6.8%，且电容 C2 试验值与铭牌值误差为 7%，可判断 C2 内部有一个电容元件被击穿。

（2）局放测试。将下节电容分压器 C2 两端短接，对 C12 施加 $1.2U_m/\sqrt{3}$ 的电压，未发现明显放电现象，如图 21-8 所示。

（3）空载试验。对电磁单元进行空载试验，在 2a～2n 绕组施加 $0.8U_n$、U_n 和 $1.2U_n$，测出其电流和电能损耗如表 21-3 所示。

图 21-8 局部放电测试图

表 21-3   电流和介质损耗因数

电压	电流（mA）	损耗（W）
$0.8U_n$	95	9
U_n	110	10
$1.2U_n$	160	13

结论：测试结果正常，可判断电磁单元无异常。

（4）解体检查。通过以上试验，分析出 C2 内部有一个电容元件被击穿。为验证判断，对该电压互感器进行解体。图 21-9 中所示引线下面为 C2，共由 15 片电容串联而成。

在对 C2 内各电容元件的电容量进行测量过程中，发现从下数第 11 片电容元件电容量为 0.025μF，远小于其他元件的电容量（约为 1μF），如图 21-10 和图 21-11所示。

图 21-9 解体后的电压互感器

图 21-10 已击穿电容元件的电容量

对该片电容元件进行拆解，发现击穿点在其引线衬垫边缘处，如图 21-12 所示。

图 21-11　正常电容元件的电容量

图 21-12　电容元件击穿点

3　原因分析

依据解体后击穿点位置，结合 220kV 某Ⅰ线 C 相电压互感器击穿点在相同位置，可对故障原因作出如下假设：

（1）在将电容元件拆开时，发现引线衬垫边缘过于棱角分明，这将导致在两种绝缘材料的分界面处出现电场集中的现象，使得该处绝缘材料易于击穿。

（2）在机械设备对电容元件压紧过程中，若内部残留空气，则空气也易存在于两种绝缘材料分界边缘处，造成该处绝缘薄弱。

（3）在设备运输过程中，容易产生衬垫与绝缘薄膜的摩擦，使薄膜受损，绝缘强度降低。

（4）两台电压互感器的击穿点分别为 C2 内部从下数第 11 片电容元件和从下数第 12 片电容元件，可能由于电压分部问题导致该区域电场强度较为集中，需要厂家对设备电场分布进行计算。

案例二十二 220kV 电流互感器二次绕组绝缘电阻异常检测分析

1 案例经过

220kV 某变电站 220kV 母线联络 200 间隔电流互感器为某电气集团生产，型号为 LB7-220W2，于 1999 年 3 月出厂，2000 年 1 月投运。

2018 年 4 月 17 日 11 时，某供电公司电气试验班对 220kV 某变电站 220kV 母线联络 200 间隔电流互感器进行绝缘电阻测试时，发现 A 相二次绕组对外壳绝缘电阻异常，阻值为 0.736MΩ。在初步得到异常结果后，现场试验人员通过更换试验线、稳固试验线夹等措施排除仪器故障对试验结果的干扰后再进行反复测试，测试结果仍然存在异常。试验人员对电流互感器端子箱与电流互感器二次绕组接线盒进行检查时，发现电流互感器二次绕组接线盒内有明显的受潮、烧灼迹象。初步判断绝缘电阻异常是由于电流互感器 A 相二次绕组接线盒前期密封不良，或安装时受潮导致二次绕组连接引线受潮、氧化、烧灼。经更换二次电缆后，测试结果满足检测要求。

2 检测分析方法

2018 年 4 月 17 日，某供电公司电气试验班对 220kV 某变电站 220kV 母线联络 200 间隔电流互感器进行绝缘电阻测试时，发现 A 相二次绕组对外壳绝缘电阻异常。测试情况见表 22-1。

表 22-1 220kV 母线联络 200 间隔电流互感器绝缘电阻测试数据

试验仪器	FLUKE 1550C 数字绝缘电阻表	
测试时间	2018 年 4 月 17 日	
温湿度	20℃，50%	
A 相二次绕组	对外壳绝缘电阻（MΩ）	
	实测值	0.736
	注意值	1000

试验人员使用 FLUKE 1550C 型数字绝缘电阻表对 220kV 某变电站 220kV 母线联络 200 间隔电流互感器进行绝缘电阻测试，A 相二次绕组对外壳绝缘电阻值为 0.736MΩ。

依据 Q/GDW 1168—2013《输变电设备状态检修试验规程》试验判断标准：电流互感器二次绕组间及其对外壳的绝缘电阻，不宜低于 1000MΩ，可知 220kV 某变电站 220kV 母线联络 200 间隔电流互感器 A 相二次绕组对外壳绝缘电阻值低于注意值。

试验人员对电流互感器端子箱与电流互感器二次绕组接线盒进行检查，发现电流互感器二次绕组接线盒内有明显的受潮、烧灼迹象（见图 22−1）。试验人员将情况汇报工作负责人，经与二次检修人员进一步检查、共同判断，分析绝缘电阻异常是由于电流互感器 A 相二次绕组接线盒密封不良，或前期安装阶段内部受潮，引起锈蚀、腐蚀，将二次控制电缆绝缘层破坏，使电流互感器二次绕组间、绕组对地短路，短路处接触电阻较大，在二次绕组间、绕组对地短路分流作用下，绝缘电老化，进一步破坏控制电缆绝缘。

图 22−1　电流互感器二次绕组接线盒受潮、线芯烧蚀（异常）

由于异常位于 220kV 母线联络 200 间隔电流互感器，随着负荷增长与雨季的到来均会使二次绕组隐患处进一步裂化，电流互感器二次绕组间短路会引起分流，正常运行方式下或母线区外故障时易造成母线保护误动作，造成 220kV 母线停电；母线保护区内故障时会因分流造成母线保护拒动作，扩大事故范围。

3　隐患处理情况

2018 年 4 月 17 日，由变电检修二班办理第一种工作票，根据 220kV 某变电站 220kV 母线联络 200 间隔电流互感器 A 相二次绕组对外壳绝缘电阻测试结果，电气试验班迅速向工作负责人汇报。二次检修班随即更换控制电缆，并进行绝缘电阻试验，符合要求。对电流互感器二次回路进行升流、极性、变流比等试验均正常。为防止接线盒内部再次受潮、锈蚀，检修人员采取对接线盒内壁刷涂防锈漆等措施，并对接线盒密封性进行整改，确保设备安全运行，如图 22-2 所示。

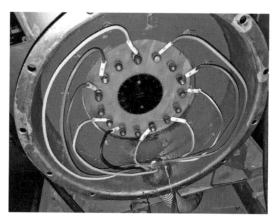

图 22-2　更换二次绕组、刷涂防锈漆

4　经验体会

（1）针对有接线箱、接线盒等易受潮且受潮影响大的设备，只要空间满足要求，均应加装驱潮加热装置，防范事故发展、发生。

（2）某供电公司共有 4 座敞开式 220kV 变电站和 3 座 110kV 敞开式变电站，为防止类似案例发生，变电运检室将敞开式电流互感器、电压互感器接线盒检查作为停电逢停必检的一项重要工作开展，并写入工作票内容和作业指导书内，及时发现设备异常，避免扩大成事故。

案例二十三　220kV 电流互感器二次测量绕组直流电阻异常检测分析

1　案例经过

220kV 某变电站 1 号主变压器为山东某设备有限公司生产，型号为 SFPS10 - 180000/220，于 2003 年 10 月出厂，2012 年 3 月投运。

2018 年 8 月 16 日 15 时，某供电公司电气试验班对 220kV 某变电站 1 号主变压器高压侧中性点套管升高座电流互感器进行直流电阻测试时，发现电流互感器二次测量绕组直流电阻异常，测量数据偏大且不稳定，二次保护绕组直流电阻及二次计量绕组直流电阻正常。在初步得到异常结果后，现场试验人员排除其他因素对试验结果的干扰后进行反复测试，测试结果变化不大仍然存在异常。试验人员对主变压器端子箱进行检查，未发现异常。在打开电流互感器二次绕组接线盒后发现测量绕组导线未固定牢靠。初步判断直流电阻异常是由于电流互感器二次测量绕组导线螺母安装时未完全紧固，在长时间变压器震动的影响下螺栓松动且有部分脱落，二次测量绕组导线卡住并未完全脱落造成虚接。经更换至备用接线柱后，测试结果满足检测要求。

2　检测分析方法

2018 年 8 月 16 日，某供电公司电气试验班对 220kV 某变电站 1 号主变压器高压侧中性点套管升高座电流互感器进行直流电阻测试时，发现电流互感器二次测量绕组直流电阻异常。测试情况见表 23-1，测试前后对比如图 23-1 和图 23-2 所示。

表 23-1　1 号主变压器高压侧中性点套管升高座电流互感器二次测量绕组直流电阻测试数据

试验仪器	FLUKE - 15B 数字式万用表		
测试时间	2018 年 8 月 16 日		
温湿度	31℃，50%		
相位	二次绕组	出厂值（mΩ）	实测值（mΩ）
O	保护绕组	103	100
	测量绕组	105	600
	计量绕组	105	100
规程要求	同规格、同型号、同批次互感器一、二次绕组直流电阻与平均值的差异不大于10%		

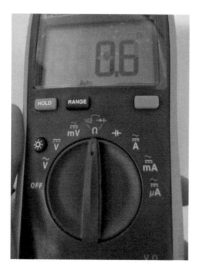

图 23-1 二次测量绕组直流电阻（异常）　　图 23 2 二次保护绕组直流电阻（正常）

　　试验人员使用 FLUKE-15B 型数字式万用表对 220kV 某变电站 1 号主变压器高压侧中性点套管升高座电流互感器进行直流电阻测试，电流互感器二次测量绕组直流电阻值为 600mΩ。

　　依据《国家电网有限公司变电检测管理规定（试行）第 22 分册　直流电阻试验细则》试验判断标准：同型号、同规格、同批次电流互感器一、二次绕组的直流电阻和平均值的差异不宜大于 10%。可知，220kV 某变电站 1 号主变压器高压侧中性点套管升高座电流互感器二次测量绕组直流电阻值远大于平均值。

　　试验人员遂对主变压器端子箱与电流互感器二次绕组接线盒进行检查，发现电流互感器二次绕组接线盒内二次测量绕组导线未固定牢靠，螺母脱落于接线盒内。试验人员将情况汇报给工作负责人，经判断直流电阻异常是由于电流互感器二次测量绕组虚接，造成直流电阻偏大，测试前后对比如图 23-3 和图 23-4 所示。

　　异常位于 220kV 1 号主变压器高压侧中性点套管升高座电流互感器，由于导线未完全脱落尚未造成开路，三相电压较为平衡且中性点基本没有电流流过，所以尚未引起电流互感器二次侧开路。随着负荷增长或极端恶劣天气的出现，若导线完全脱落形成二次侧开路最严重的情况可能导致铁芯磁饱和，在开路的二次导线端感应出高电压，发展为放电、发热等缺陷，极有可能造成 220kV 1 号主变压器停运，对人身电网设备造成严重的影响。

图 23-3 中性点电流互感器二次绕组　　　图 23-4 正常相电流互感器二次绕组

3 隐患处理情况

2018 年 8 月 16 日，变电检修二班办理第一种工作票，根据 220kV 某变电站 1 号主变压器高压侧中性点套管升高座电流互感器二次测量绕组直流电阻测试结果，电气试验班迅速向工作负责人汇报，如图 23-5 所示。

图 23-5 当日开工照

检修班随即将导线压接到备用接线柱，再进行直流电阻试验，符合要求。对电流互感器二次回路进行升流、极性、变流比等试验均正常，如图 23-6 所示。

图 23-6　将二次测量导线压接至备用接线柱

为防止正常相出现同类异常情况，检修人员对 220kV 1 号主变压器所有的二次绕组进行检查并将压接螺栓进行紧固，确保 220kV 1 号主变压器安全运行。

4　经验体会

（1）由于用电需要，220kV 主变压器往往不允许频繁停电，这就要求在主变压器检修过程与投运前的验收中加强对一次、二次螺栓压接情况进行检查，避免因为螺栓的问题反复停电。

（2）某供电公司共有 4 座敞开式 220kV 变电站和 3 座 110kV 敞开式变电站，为防止类似案例发生，变电运检室将敞开式电流互感器、电压互感器二次绕组接线盒检查作为停电逢停必检的一项重要工作开展，并写入工作票内容和作业指导书内，及时发现设备异常发生，避免扩大成事故。

案例二十四　220kV 电流互感器检测异常检测分析

1　案例经过

220kV 某变电站 1 号主变压器为某设备有限公司承修,型号为 SFSZ9 - 150000/220。2018 年 1 月 24 日, 在该主变压器交接试验过程中, 发现中压中性点套管电流互感器变流比不合格,11K 绕组中 11K1、11K2 变流比不正确(当时电流互感器尚未安装到主变压器上)。1 月 25 日,互感器厂家将套管电流互感器解体检查后发现, 11K 绕组中存在端子短接现象,将两个端子绝缘隔开后变流比正确。1 月 29 日, 在中压中性点套管电流互感器二次绕组绝缘测试中, 发现 11K 绕组绝缘电阻为 0(此时电流互感器已安装到主变压器上)。1 月 30 日, 设备厂安装人员对电流互感器二次绕组进行检查,对端子及引线重新加固绝缘后绝缘电阻合格。随后试验班人员对变流比进行复测,变流比合格。

2　检测分析方法

2018 年 1 月 24 日,试验班人员在进行中压中性点套管电流互感器变流比试验时, 发现 11K 绕组中 11K1、11K2 变流比不正确。现场变流比测试结果为 1070/5,排除仪器及测试环境干扰后,变流比测试结果不变。该主变压器中压中性点套管电流互感器原有一个二次绕组 10K,10K1、K2 变流比为 1200/5,返厂大修时应设计要求新增一个二次绕组 11K,设计变流比为 1200/5。通过查阅某设备厂电流互感器出厂数据发现, 当时 11K 变流比测试值为 2000/5,结合现场二次绕组直流电阻试验数据(10K1、10K2 直流电阻值为 324.7mΩ, 11K1、11K2 直流电阻值为 192.1mΩ),可判断 11K 绕组出厂时就存在质量问题,通过分析认为可能是二次抽头间存在短接情况。1 月 25 日, 互感器厂家对电流互感器进行绝缘处理,复测时电流互感器变流比合格。

1 月 29 日, 在中压中性点套管电流互感器安装到主变压器后,试验人员对二次绕组进行绝缘测试,发现 11K 绝缘电阻为 0。初步判断为互感器厂家在电流互感器二次端子绝缘处理过程中工艺把控不严,可能在吊装过程中振动导致产生绝缘松动,二次绕组某一部位接地。

3　隐患处理情况

(1)1 月 25 日处理情况。互感器厂家将套管电流互感器进行解体检查,11K 绕组有 11K1～11K5 5 个端子,接二次端子板上的只有 11K1、11K2,发现未引出的端子 11K3、11K4、11K5 中的两个存在内部短接,如图 24 - 1 所示。

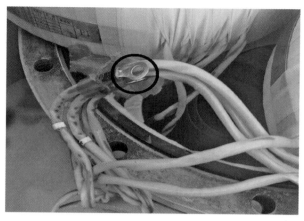

图 24-1 未引出的端子中的两个端子内部短接情况

互感器厂家将两个端子接头绝缘隔开后，试验班人员再次进行电流互感器变流比测试，11K1、11K2 变流比为 1200/5，此时仍未考虑将 11K3、11K4、11K5 三个端子引出至二次接线盒，这为电流互感器安装后该绕组绝缘电阻为 0 埋下隐患。

（2）1 月 29 日处理情况。设备厂现场安装人员将储油柜截止阀关闭，将一部分主变压器本体绝缘油通过滤油机打入储油柜内，本体油位下降至套管升高座以下部位。打开中压中性点套管电流互感器二次接线盒，将接线板拿出检查，未发现明显接地点，如图 24-2 所示。

图 24-2 接线板拿出检查后未发现明显接地点

此时考虑将 10K3、10K4、10K5 三个端子及 11K3、11K4、11K5 三个端子引至接线柱，但 10K 绕组、11K 绕组共有 10 个抽头，而二次接线板只有 8 个接线柱，仍未将多余抽头抽出。安装人员将引出的 11K1、11K2 端子，以及未引出的 11K3、11K4、11K5 端子及引线重新加固绝缘，如图 24-3 所示，电流互感器恢复后进行绝缘电阻测试，二次绕组绝缘电阻合格。

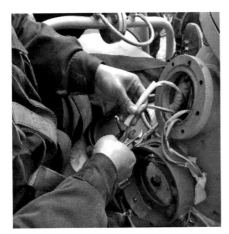

图24-3 对11K绕组引出及未引出端子及引线加固绝缘

中压中性点套管电流互感器11K绕组绝缘电阻合格后，再次进行变流比试验。由于套管电流互感器已安装在主变压器上，班组所配互感器综合特性测试仪均为基于电流法测变流比（即在套管电流互感器一次侧通一大电流，测量二次侧感应电流），测量回路中将主变压器Am相绕组串入，阻抗明显增大，仪器容量有限，升不到测试电流，无法测出电流互感器变流比。

最后协调设备厂人员带仪器进行测试，其测量套管电流互感器变流比原理是基于电压法（即在二次绕组加压，一次侧感应电压），通过O、Am相套管接头取电压信号，如图24-4所示，变流比测试数据合格。

图24-4 对中性点套管电流互感器进行变流比测试

4　经验体会

（1）试验人员把好试验关，严禁设备带病运行。变压器正常运行是系统安全、可靠、优质、经济运行的重要保证。交接试验是主变压器投运前最为重要的一关，试验人员要严格执行规程和标准，认真对待每个试验项目，仔细分析相关试验数据，敢于下结论。

（2）不盲目相信厂家数据。主变压器监造过程中所拍摄的厂家主变压器中压中性点套管电流互感器手写试验数据中 11K 变流比为 2000/5，厂家所给的正式版报告中变流比改为 1200/5，可反映出厂家人员存在篡改数据、责任心不强等问题。

（3）加强对变压器全过程管控。从出厂验收阶段开始，按照变电验收管理规定细则中《油浸式变压器验收细则》的规定，严格执行旁站见证验收，对安装过程中工序质量关键点进行全面检查控制，对关键点见证中发现的问题进行复验，对其他试验项目进行抽查。保证设备出厂时的安装质量。现场安装、交接试验过程中，认真完成交接试验规程中规定的每个试验项目，确保设备合格后方能投运。

（4）积极引进先进仪器，提高试验人员诊断水平。班组所配互感器综合测试仪仅能在主变压器套管电流互感器安装前进行变流比测试，不具备电流互感器安装后测试条件。因此无法诊断套管电流互感器安装过程中是否对变流比造成影响，为设备正常投运带来隐患。

第四篇　互感器油务试验异常典型案例

案例二十五 220kV 电流互感器油色谱不合格检测分析

1 案例经过

某供电公司 220kV 某变电站 220kV 某线电流互感器于 1999 年 10 月 1 日投运，是某变压器有限责任公司的产品，型号为 LCWB7－220W2，至 2015 已运行 16 年，上一次停电例行试验为 2014 年 10 月 28 日。

2014 年 10 月 28 日，变电检修室工作人员在对 220kV 某变电站某线进行停电例行试验，同时进行油中溶解气体分析，发现某线 B 相和 C 相油色谱数据基本一致，各项气体含量指标均在合格范围内，A 相电流互感器绝缘油中溶解气体 H_2 含量超出规程要求，C_2H_2 含量处于规程标准的临界值，与 B、C 相相比，A 相油中溶解气体数据存在异常增高。工作人员决定对此电流互感器进行跟踪试验。

2015 年 4 月 9 日，由变电运维室例行巡视人员协助，对某线三相电流互感器进行带电取油样，对三相电流互感器进行第二次油色谱分析测试。发现 A 相电流互感器绝缘油中溶解气体中 H_2 含量与上次相比持续增长，且 C_2H_2 含量超过规程要求。经过对各种气体含量分析，工作人员初步判断 A 相电流互感器内部存在绝缘受潮和火花放电，且放电有继续发展的趋势。

2015 年 10 月 9 日，由变电运维室例行巡视人员协助，对某线三相电流互感器再次进行带电取油样，发现 A 相电流互感器油中 H_2 含量继续增长，且 C_2H_2 含量继续增长，已经远超于规程要求，继续验证了工作人员之前判断电流互感器内部存在绝缘受潮和火花放电。

2015 年 11 月 17 日，某线安排停电检修，介质损耗因数试验不合格，提交申请更换三相电流互感器。

2015 年 11 月 18 日，变电检修室检修班组对原电流互感器进行了更换，并进行交接试验，各项试验合格。

2 检测分析方法

（1）油中溶解气体气相色谱分析技术。根据相关规范规定，电流互感器的油中溶解气体色谱分析试验，要求运行中油中溶解气体组分含量超过下列任一值时应引起注意：总烃为 100μL/L，H_2 为 150μL/L；当 C_2H_2 含量超过 1μL/L 时，应立即停止运行，进行检查。

1）2014 年 10 月 28 日，220kV 某变电站某线停电进行例行试验。变电检修室试验班人员对某线间隔内设备进行例行试验，同时对某线间隔内的三相电流互感器采集油样进行油中溶解气体气相色谱分析。分析数据见表 25-1。

表 25-1　　　　　　　　　　　第一次油色谱分析数据

气体		相别		
		A	B	C
组分含量 （μL/L）	H_2	172.2	114.3	125.8
	O_2	—	—	—
	N_2	—	—	—
	CO	892.4	501.4	529.5
	CO_2	2014.3	1303.5	1408.6
	CH_4	28.1	20.4	29.1
	C_2H_4	13.7	9.7	10.6
	C_2H_6	14.9	10.4	13.7
	C_2H_2	0.97	0.53	0.65
	总烃	57.67	41.03	54.05
	微水	32.3	18.5	19.2

　　由表 25-1 中试验数据可知，H_2 含量超出规程要求，C_2H_2 含量处于规程标准的临界值。同时通过三相对比，可以看出 B 相和 C 相油色谱数据基本一致，且各项指标均在合格范围内，相对而言，A 相电流互感器的油色谱数据比其他两相有大幅度增长，各种烃类气体均存在增长，其中 C_2H_2 和 H_2 为主要增长气体，其次为 CH_4 和 C_2H_4，且微水含量超标，初步判断 A 相电流互感器内部受潮和火花放电。决定对此电流互感器进行油色谱跟踪试验。

　　2）2015 年 4 月 9 日，由变电运维室例行巡视人员协助，对某线三相电流互感器进行第二次取油样工作，以便进行跟踪测试，如图 25-1 所示。

　　通过对三相电流互感器油色谱分析，得到如表 25-2 所示分析数据。

图 25-1　工作人员取油样现场图

表25-2 第二次油色谱分析数据

气体	相别		
	A	B	C
H_2	211.4	116.5	128.2
O_2	—	—	—
N_2	—	—	—
CO	926.7	510.7	531.25
CO_2	2348.1	1354.4	1438.3
CH_4	37.2	21.1	31.1
C_2H_4	31.4	11.3	10.9
C_2H_6	18.9	11.1	14.3
C_2H_2	2.01	0.58	0.67
总烃	89.51	44.08	56.97
微水	35.1	19.2	19.3

（组分含量 $\mu L/L$）

由表25-2中试验数据可知，A相的各项数据与上次相比均有增长，B相和C相的各项数据指标与上次相比基本不变。通过两次数据对比，可以基本判断 A 相电流互感器内部存在绝缘受潮和火花放电，且放电有持续发展的趋势。

3）2015 年 10 月 9 日，由变电运维室例行巡视人员协助，对某线三相电流互感器进行第三次带电取油样，进行跟踪测试。分析数据见表 25-3。

表25-3 第三次油色谱分析数据

气体	相别		
	A	B	C
H_2	230.4	120.5	129.2
O_2	—	—	—
N_2	—	—	—
CO	1102.4	560.7	591.25
CO_2	2501.1	1398.2	1500.4
CH_4	45.2	22.8	32.0
C_2H_4	43.5	12.1	14.3
C_2H_6	21.3	11.8	15.3
C_2H_2	5.65	0.63	0.67
总烃	89.51	44.08	56.97
微水	39.5	19.7	20.6

（组分含量 $\mu L/L$）

由表 25-3 中试验数据可知，A 相的各项数据与上次相比连续增长，且 C_2H_2 含量增长幅度比前两次增长较多，B 相和 C 相的各项数据指标与上次相比基本不变。通过两次数据对比，可以基本判断 A 相电流互感器内部放电逐渐增强，已经远远超出规程要求，需要尽快安排停电检修。

（2）电流互感器介质损耗因数试验技术。2015 年 11 月 17 日，某线安排停电检修，现场工作人员对停电后的三相电流互感器进行介质损耗因数试验，试验数据见表 25-4。

表 25-4　　　　　　　　　电流互感器介质损耗因数试验

试验性质	时间	试验电压	介质损耗因数（20℃换算值，%）			电容值（pF）		
			A	B	C	A	B	C
例行试验	2012 年 10 月 17 日	10kV	0.24	0.25	0.24	886.4	901.2	894.1
例行试验	2014 年 10 月 28 日	10kV	0.225	0.237	0.258	885.7	902.5	895.2
诊断性试验	2015 年 11 月 7 日	10kV	1.15	0.245	0.260	889.7	902.7	895.8

根据相关规范规定，电压等级为 220kV 运行中的充油型电流互感器，介质损耗因数应不大于 0.6%。

通过上述介质损耗因数试验，可以发现 A 相电流互感器介质损耗因数超出规程要求，同时结合油色谱分析，判定某线 A 相电流互感器不合格，达不到运行标准，经请示上级领导后，建议利用 SF_6 电流互感器备品备件对现有设备进行更换。

3　隐患处理情况

2015 年 11 月 18 日，变电检修室工作人员对原有电流互感器进行拆卸，并安装新型 SF_6 电流互感器，如图 25-2 和图 25-3 所示。

图 25-2　电流互感器现场更换图　　　图 25-3　更换后电流互感器现场图

同时对更换后三相电流互感器进行全面交接试验，经过绝缘电阻测试、二次直流电阻测试、介质损耗因数试验和整体设备耐压试验后，各项试验合格，达到投运标准，如图25－4所示。

图25－4　更换后电流互感器耐压试验图

4　经验体会

（1）对于充油设备而言，定期开展油中溶解气体分析对于监测充油设备的运行状态十分有效。一旦发现油中溶解气体数据存在异常，对于不便于停电的设备，可以根据严重情况定期开展跟踪监测，从而及时反映故障发展程度，必要时安排停电检修。不仅可以有效检测设备运行状况，还可以减少因试验不准确而造成的无效停电。

（2）针对油绝缘设备要定期进行油中溶解气体气相色谱分析，建立设备安全档案，并可以根据油中溶解气体数据分析，先期对设备发生故障的可能性做出预估，从而为后期设备的停电检修提前制定好检修方案。气相色谱分析法测定油中溶解气体的组分含量，是判断运行中的充油设备是否存在潜伏性的过热、放电等故障，以保障设备安全运行的有效手段。

（3）目前比较成熟且常态化开展的绝缘油气相色谱分析主要是针对主变压器的油中溶解气体分析和互感器的大型充油设备。建议设备停电例行检修，除了开展常规例行试验外，可以同时开展对充油设备的油样采集和油色谱分析，综合多种手段监测设备运行状况，从而及时有效地发现设备异常。

案例二十六　220kV 电流互感器油色谱异常检测分析

1　案例经过

2015 年 6 月 3 日，220kV 某变电站变电检修室电气试验班工作人员例行对油浸变电设备进行油色谱分析工作，发现 110kV 某线 B 相电流互感器油色谱不合格。该电流互感器投运时间为 1993 年 9 月，运行时间超过 22 年，设备老化严重。为进一步跟踪设备状态，2015 年 6 月 4 日变电检修室电气试验班对 110kV 某线 B 相电流互感器进行了红外测温和油化试验，发现电流互感器油色谱依然不合格，B 相电流互感器储油柜整体发热，110kV 某线 A、C 相电流互感器温度正常，经过变电检修室变电检修一班深入分析，初步判断某线 B 相电流互感器内部发热，需停电并放油后处理；变电检修室将 110kV 某线 109 开关列入 2015 年 7 月计划停电工作；2015 年 7 月 2 日，110kV 某线 109 开关停电后，变电检修一班工作人员将某线 B 相电流互感器内部发热缺陷彻底消除，并更换了 B 相电流互感器内部绝缘油。

2　检测分析方法

2015 年 6 月 3 日，220kV 某变电站变电检修室电气试验班工作人员例行对油浸变电设备进行油色谱分析工作，发现 110kV 某线 B 相电流互感器油色谱不合格，主要是电流互感器总烃数值超标（总烃数值大于 100μL/L）；油中溶解气体分析见表 26－1。

表 26－1　　　　　　　　　油中溶解气体分析

分析项目	氢气 (μL/L)	一氧化碳 (μL/L)	二氧化碳 (μL/L)	甲烷 (μL/L)	乙烯 (μL/L)	乙烷 (μL/L)	乙炔 (μL/L)	总烃 (μL/L)	日期
含量	119	1123	5339	46.35	29.14	40.2	0	115.69	2015 年 6 月 3 日

为进一步跟踪设备状态，2015 年 6 月 4 日变电检修室电气试验班对 110kV 某线 B 相电流互感器进行了红外测温和油化试验，发现 B 相电流互感器油色谱依然不合格，见表 26－2。

表 26－2　　　　　　　　　油中溶解气体分析

分析项目	氢气 (μL/L)	一氧化碳 (μL/L)	二氧化碳 (μL/L)	甲烷 (μL/L)	乙烯 (μL/L)	乙烷 (μL/L)	乙炔 (μL/L)	总烃 (μL/L)	日期
含量	121	1119	5324	47.29	30.14	40.18	0	117.61	2015 年 6 月 4 日

通过红外检测发现，110kV 某线 B 相电流互感器储油柜整体发热，热点温度为 50℃左右。红外检测图如图 26-1 所示。

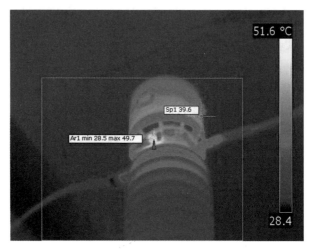

图 26-1　B 相电流互感器红外图

3　隐患处理情况

2015 年 7 月 2 日，220kV 某变电站 110kV 某线 109 开关停电后，工作人员先将 110kV 某线 B 相电流互感器放油，如图 26-2 所示。

图 26-2　电流互感器放油工作图

接着变电检修一班工作人员将电流互感器外侧所有变流比板螺栓检查和校紧，确保电流互感器外侧所有变流比板螺栓都无松动，如图 26-3 所示。

图 26-3　外侧螺栓校紧工作图

110kV 某线 B 相电流互感器放完油后,工作人员将电流互感器储油柜拆卸下来,检查电流互感器内部螺栓压紧情况,发现 B 相电流互感器绕组引线末端压接螺栓有松动迹象,如图 26-4 所示。

图 26-4　B 相电流互感器绕组引线末端压接螺栓松动图

随后,工作人员将电流互感器松动的螺栓进行拆卸打磨,重新进行压接,并且将电流互感器内部所有螺栓都进行校紧,确保电流互感器内部所有螺栓压接良好。上述工作结束后,工作人员将储油柜恢复安装,最后将合格的变压器油注入 110kV 某线 B 相电流互感器中。

2015 年 7 月 3 日下午,变电检修室电气试验班对送电后的 B 相电流互感器进行跟踪试验,总烃数值小于 100μL/L,油务试验合格(见表 26-3),B 相电流互感器的温度也恢复了正常(见图 26-5),110kV 某线 B 相电流互感器隐患得以彻底消除。

表 26-3   油 中 溶 解 气 体 分 析

分析项目	氢气 (μL/L)	一氧化碳 (μL/L)	二氧化碳 (μL/L)	甲烷 (μL/L)	乙烯 (μL/L)	乙烷 (μL/L)	乙炔 (μL/L)	总烃 (μL/L)	日期
含量	95	802	3372	15.01	19.13	4.41	0	38.55	2015 年 7 月 3 日

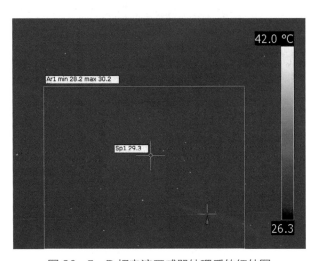

图 26-5 B 相电流互感器处理后的红外图

4 经验体会

运用多种带电检测方法对运行异常的变电设备进行跟踪检测,可以对变电设备有更深的了解;绝缘油中溶解气体分析可以较灵敏地反映变电设备运行状态;但是不能反映设备的隐患具体位置,红外检测能较为准确地发现设备隐患位置;变电检修室电气试验班发现 220kV 某变电站 110kV 某线 B 相电流互感器油色谱不合格后,对该设备进行了红外跟踪检测,变电检修室变电检修一班通过红外检测图,初步判断设备隐患部位,为彻底消除设备隐患打下了坚实的基础;在以后工作过程中,工作人员将使用多种带电检测方法对设备状态进行检测,确保设备隐患排查和处理万无一失。

案例二十七　110kV 电流互感器氢气超标异常检测分析

1　案例经过

220kV 某变电站 110kV 某 II 线 111 电流互感器为某变压器有限公司生产，型号为 LB-110W1，于 1995 年 8 月投运。

2018 年 4 月 16 日，220kV 某变电站电气试验班对 110kV 某 II 线 111 电流互感器取油样进行色谱分析，A 相氢气试验值为 370μL/L，远超过标准规定的 150μL/L。4 月 17 日，电气试验班对 111 电流互感器 A 相再次取油样进行色谱复测，此时 A 相氢气试验值变为 430μL/L，增长速率较快，电气试验班将此情况上报变电检修室，变电检修室上报运维检修部。

2018 年 4 月 24 日，运维检修部安排停电试验，试验结果显示介质损耗因数为 0.77%，与历史数据比较增长幅度较大，逼近于标准值 0.8%，判断该相电流互感器进水受潮，为避免发展为事故，影响电网安全运行，最终决定更换该电流互感器。

2018 年 4 月 24 日下午，变电检修室组织检修人员对该电流互感器进行更换安装，随后进行试验，试验通过并送电成功。

2　检测分析方法

（1）2018 年 4 月 16 日，变电检修室电气试验人员对 220kV 某变电站 110kV 某 II 线 111 电流互感器取油样进行色谱分析，A 相试验数据见表 27-1，氢气（H_2）试验值为 370μL/L，远超过标准规定的 150μL/L。

表 27-1　111 电流互感器 A 相色谱分析结果（2018 年 4 月 16 日）

试验天气	晴		温度（℃）	18	湿度（%）		40
H_2	CO	CO_2	CH_4	C_2H_4	C_2H_6	C_2H_2	总烃
370	119	553	19.5	1.1	1.8	0	22.4

对比历史试验数据（见表 27-2），发现各项测试值都略有增加，氢气增长明显，电气试验班决定再次取油样进行色谱分析。

（2）2018 年 4 月 17 日，变电检修室电气试验人员对 220kV 某变电站 110kV 某 II 线 111 电流互感器再次取油样进行色谱分析，A 相试验数据见表 27-3，氢气试验值为 430μL/L，氢气含量增长迅速。

表 27-2　111 电流互感器 A 相历史色谱分析结果（2015 年 9 月 6 日）

试验天气	晴		温度（℃）	30	湿度（%）		45
H_2	CO	CO_2	CH_4	C_2H_4	C_2H_6	C_2H_2	总烃
89.7	110	463	17.6	0.66	2.0	0	20.3

表 27-3　111 电流互感器 A 相色谱分析结果（2018 年 4 月 16 日）

试验天气	晴		温度（℃）	18	湿度（%）		40
H_2	CO	CO_2	CH_4	C_2H_4	C_2H_6	C_2H_2	总烃
430	118	555	19.8	1.2	1.9	0	22.9

变电检修室将此情况上报运维检修部，2018 年 4 月 24 日安排停电试验，试验结果见表 27-4，介质损耗因数为 0.77%，与历史数据比较（见表 27-5）增长幅度较人，逼近于标准值 0.8%。

表 27-4　111 电流互感器 A 相停电试验结果（2018 年 4 月 24 日）

站名	220kV 某变电站		设备名称	111 电流互感器 A 相	试验日期	2018 年 4 月 24 日
试验天气	晴		温度（℃）	20	湿度（%）	45
绝缘电阻	整体（MΩ）	末屏（MΩ）		tanδ（%）		C_x（pF）
	10 000	5000		0.77		911.8

表 27-5　111 电流互感器 A 相历史试验结果（2015 年 9 月 6 日）

试验天气	晴		温度（℃）	30	湿度（%）	43
绝缘电阻	整体（MΩ）	末屏（MΩ）		tanδ（%）	C_x（pF）
	10 000	5000		0.29	802.7

判断该相电流互感器运行年限过长，密封部位老化，进水受潮，为避免发展为故障，影响电网安全运行，最终决定更换该间隔三相电流互感器。

3　隐患处理情况

2018 年 4 月 24 日下午，新电流互感器到达 220kV 某变电站现场，变电检修室组织检修人员对其进行更换安装，如图 27-1 和图 27-2 所示。

电气试验班对其进行现场交接试验。试验顺利通过，各项试验数据均合格，试验数据如表 27-6 所示，110kV 某Ⅱ线 111 电流互感器送电成功，检修过程结束。

图 27-1　电流互感器更换现场

图 27-2　电流互感器更换后现场

表 27-6　　111 电流互感器 A 相交接试验结果（2018 年 4 月 27 日）

试验天气	晴	温度（℃）	20	湿度（%）	45
绝缘电阻	整体（MΩ）	末屏（MΩ）	$\tan\delta$（%）		C_x（pF）
	10 000	5000	0.162		983.7

4　经验体会

（1）对于充油设备而言，开展油中溶解气体分析对于监测充油设备的运行状态，十分有效。一旦发现油中溶解气体数据存在异常，结合电气试验，及时反映故障发展程度。

（2）在进行例行试验时，试验结果要跟历史试验记录对比，发现有增大时，应及时分析，并结合多种方法，判别设备状态，将隐患消灭在萌芽期。

案例二十八 220kV 电流互感器气体湿度异常检测分析

1 案例经过

220kV 某变电站 220kV 敞开式电流互感器型号为 LVQB－220W2，某电气有限公司生产的 SF_6 类型设备，于 2001 年 2 月出厂。2018 年 3 月 7 日，试验人员在进行 220kV 某线 211 间隔开关、电流互感器、避雷器、A 相电压互感器停电例行试验时发现，C 相电流互感器气室微水测试数值偏大，测量数值为 590μL/L，超出了 500μL/L 的标准值。随后采用定量检漏仪检测未发现漏气现象。经查询，上次 SF_6 微水测量时间为 2013 年 11 月 5 日，测量数值为 419μ/L，未超出标准。试验人员立即将测试结果汇报车间，经与厂家联系研究，推测微水超标为设备安装时提取真空不彻底，绝缘材料中水分析出导致，且不排除存在漏气缺陷，决定对该电流互感器气室进行真空换气处理，并计划在设备投运后加强巡视，关注气压变化。3 月 7 日下午，车间加派车辆将真空泵运至工作现场，且采用不同微水仪进行复测，测量结果依旧超标。SF_6 气体回收处理后，晚 19 时开始提取真空。3 月 8 日上午 9 时，提取真空完毕，进行 SF_6 注气。3 月 9 日上午，对 C 相电流互感器气室进行微水测试，试验结果合格。通过该次停电例行试验，及时发现了微水测试结果偏大现象并进行处理，保证了设备的安全可靠运行。

2 检测分析方法

2018 年 3 月 7 日，220kV 某变电站变电检修室按照春检停电工作计划开展 220kV 某线 211 间隔设备检修试验工作。试验人员在进行电流互感器气体湿度试验时发现，211 电流互感器 C 相气室微水测试数值偏大，超出了 300μL/L 的标准值；对微水仪与开关气室连接的聚四氟乙烯导气管及接头进行检漏，未发现有漏气情况，排除了测试导管混入空气的干扰；经现场多次重复测试，微水测试结果基本保持在 590μL/L 左右，随着测试时间的延长无明显下降趋势，如图 28－1 和图 28－2 所示。

试验人员随后采用定量检漏仪对开关气室、导气管、压接处及焊接点等部位进行了重点检测排查，未发现漏气异常。

3 月 7 日下午，车间加派车辆运输真空泵，试验人员携带 DMP－30 微水仪至现场进行复测，水分含量为 587μL/L，如图 28－3 所示。

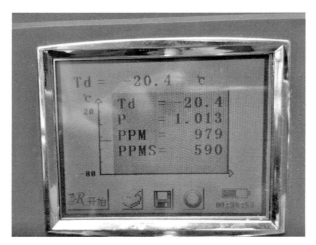

图 28-1　微水测试数据

图 28-2　现场测试

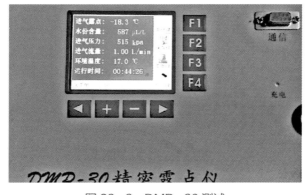

图 28-3　DMP-30 测试

虽然气体湿度测试为带电检测试验项目，因该间隔电流互感器属于敞开式设备，考虑测试安全问题，该项目跟随停电试验进行。经查询，上次 SF_6 微水测量时间为 2013 年 11 月 5 日，测量数值为 419μL/L，未超出标准。

3 隐患处理情况

2018 年 3 月 7 日下午，对电流互感器气室进行真空换气处理，现场检修人员进行 SF_6 气体回收，晚 19 时开始提取真空，如图 28-4 所示。

图 28-4 抽真空处理

3 月 8 日上午 9 时 30 分，提取真空完毕，进行 SF_6 注气。3 月 9 日上午，对 C 相电流互感器进行微水测试，试验合格无异常。

4 经验体会

（1）对于断路器、电流互感器、电压互感器等变电设备，在带电检测过程中不宜开展的油气分析试验项目，可结合设备停电机会进行。通过油气试验有效的发现充油或充气变电设备的内部安全隐患并及时处理。

（2）SF_6 设备的漏气问题与气体湿度超标情况有较大的关联性，发现其中一种情况时，应针对另一情况进行排除检查，做到防微杜渐，将隐患消除在萌芽状态。

（3）日常带电检测过程中，加强 SF_6 设备的气体湿度测试。

案例二十九　220kV 电流互感器故障检测分析

1　案例经过

220kV 某变电站 220kV 某线电流互感器,是某变压器有限责任公司 1999 年的产品,型号为 LCWB7-220W2,于 1999 年 10 月投入运行,至 2018 年已运行 19 年。

2018 年 10 月 25 日,220kV 某变电站变电运检室工作人员对全站带电检测。在检测过程中发现 220kV 某线电流互感器 C 相油位异常升高,膨胀器上端变形,并出现缝隙,但红外测温正常,如图 29-1 所示。

图 29-1　220kV 某线电流互感器

(a) C 相故障相;(b) 正常相

该变电站立即安排带电取油样,油色谱数据严重超标。数据显示油中氢气(H_2)含量为 11 464.77μL/L,甲烷(CH_4)含量为 716.65μL/L,乙炔(C_2H_2)含量为 3.10μL/L,乙烷(C_2H_4)含量为 2.25μL/L,总烃含量为 1089.07μL/L,其中氢气、乙炔、总烃含量均已超过状态检修规程规定的注意值(氢气<150μL/L,乙炔<1μL/L,总烃<150μL/L)。

该变电站于 10 月 26 日对 220kV 某线进行临时停电,同时紧急落实备品备件,制定更换方案。10 月 26 日当天，三台备用电流互感器完成更换，并于当日 23 时 10 分成功投入运行。

2　检测分析方法

（1）电流互感器绝缘油油色谱分析。事件发生后对某线三相电流互感器进行的油色谱试验结果，见表 29-1。

表 29-1　　　　　　　　　　　油 色 谱 试 验 数 据　　　　　　　　　　μL/L

单位	某变电站某线电流互感器		
取样日期	2018 年 10 月 25 日		
相别	A 相	B 相	C 相
H_2	8.40	7.63	11 464.77
CO	56.30	50.03	53.20
CO_2	282.67	283.35	267.52
CH_4	0.67	1.03	716.65
C_2H_4	0.42	0.29	367.07
C_2H_6	0.13	0.05	2.25
C_2H_2	0.00	0.00	3.10
总烃	1.22	1.37	1089.07
分析意见	正常	正常	氢气、总烃、乙炔含量超过注意值

由表 29-1 可知，A、B 两相电流互感器色谱数据均符合状态检修试验规程的要求，而 C 相电流互感器氢气含量为 11 464.77μL/L，远超 150μL/L 的注意值；总烃含量为 1089.07，比 150μL/L 的注意值也有较大的增长；同时油中出现少量乙炔和乙烯（分别为 3.10μL/L 和 2.25μL/L）；油中一氧化碳和二氧化碳含量与 A、B 两相基本一致，未见增长。C 相电流互感器油色谱试验结果三比值为 1:1:0，提示为电弧放电（乙炔和乙烯含量远小于氢气和甲烷含量，三比值结果会存在一定偏差），大卫三角法判定结果显示为局部放电或低温过热，如图 29-2 所示。

根据以上分析，该次电流互感器缺陷类型应为裸金属局部放电或低温过热。

（2）绝缘特性试验。2018 年 10 月 29 日，该缺陷电流互感器停运后与其余两相正常电流互感器均进行进一步试验分析，分析结果见表 29-2。

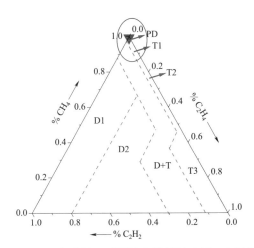

图 29-2　C 相电流互感器油色谱试验大卫三角法结果

表 29-2　　　　　　　　　　　绝 缘 特 性 试 验 数 据

项目		一次绕组对地介质损耗因数（%）	一次绕组对地电容量（pF）	末屏介质损耗因数（%）	末屏电容（pF）	末屏绝缘电阻（MΩ）
处理前	A 相	0.064	836.9	39.01	12 820	141
	B 相	0.158	845.8	40.29	10 430	113
	C 相	0.220	859.7	96.32	11 830	118
处理后	A 相					>5000
	B 相		—			>5000
	C 相					>5000

由表 29-2 可知，三相电流互感器一次绕组对地的介质损耗因数及电容量均未见明显异常，而末屏对地绝缘电阻均约 100MΩ，小于标准要求，同时末屏介质损耗因数远远超标，此现象为末屏在运输放置过程中表面受潮所致，在进行表面干燥处理后末屏绝缘值回复正常。对三相二次绕组的变流比特性测试结果也未见异常。

根据以上分析，缺陷电流互感器绝缘特性试验结果正常。

3　隐患处理情况

2018 年 10 月 26 日安排 220kV 某线进行临时停电，同时紧急落实备品备件，制定更换方案，10 月 26 日当天，三台备用电流互感器完成更换，并于当日 23 时

10 分成功投入运行。

2018 年 10 月 29 日，某供电公司工作人员对 220kV 某线 C 相电流互感器进行解体检查试验。检查结果如下：

（1）拆除电流互感器顶部接线端子固定螺栓及底部二次绕组箱链接螺栓后拔起外瓷套，发现：

1）一次绕组中部用于对绕组进行固定定位的一侧绝缘板开裂，但无明显放电痕迹，如图 29-3 所示。

2）一次绕组 C2 接线端子紧固螺栓垫片移位，如图 29-4 所示。

图 29-3 支撑用绝缘板开裂　　　　图 29-4 螺栓垫片移位

3）拔出外瓷套后电流互感器器身未见其他明显缺陷痕迹，外瓷套内表面经检查无放电或过热痕迹。

（2）对一次绕组各层电容屏间的电容量和介质损耗因数进行测试后，对电流互感器器身进行逐层解体检查直至位于器身芯部的一次绕组导杆，发现：

1）各层电容屏铝箔及层间电缆纸包裹良好、紧固、洁净，未见明显放电或过热痕迹。

2）一次导电杆（铝管）表面粗糙，存在多处毛刺、划痕等损伤，且部分区域表面存在疑似放电形成的黑点，如图 29-5 所示。

（3）对各二次绕组进行解体检查，结果发现 0.5 级测量二次绕组（具有焦煳味）在拆除绕组后发现其由内向外第 5 和第 6 层铁芯片上存在明显的放电和过热痕迹，如图 29-6 所示，其余二次绕组未见明显异常。

（4）对解体试验过程中发现的问题进行归纳，见表 29-3。

图 29-5 一次绕组中心导杆毛刺及黑点

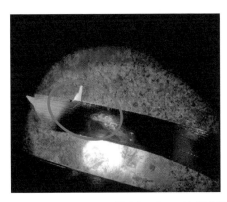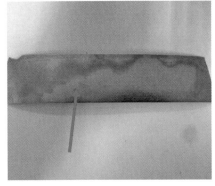

图 29-6 二次绕组铁芯片放电和过热痕迹

表 29-3　　　　　　　　解体检查发现问题

序号	发现缺陷	缺陷类型
1	一次绕组固定支撑用绝缘板开裂	工艺、材质、设备老旧
2	紧固螺栓垫片移位	安装工艺、设备老旧
3	一次导电杆表面粗糙,存在毛刺、黑点	工艺控制、疑似放电
4	0.5 级测量二次绕组存在放电和过热痕迹	疑似故障点

4　事件原因分析

由上面的分析可知,油色谱分析结果显示可能的缺陷类型为裸金属局部放电或低温过热;解体检查结果显示该电流互感器一方面存在较多的安装工艺及设备老旧问题,另一方面也存在一次绕组导杆和二次绕组铁芯的疑似放电痕迹。

对于一些螺栓松动等缺陷极易产生因接触不良而导致的悬浮放电等局部放电现象,同时若金属表面存在毛刺等尖端,同样也会引起电晕等局部放电现象。因此该次解体过程中虽然未直接找到固定螺栓、导线接头等裸金属部位的放电痕迹,但鉴于该套管的整体工艺控制质量,并不能完全排除这一可能性。

对于一次导杆表面粗糙及存在的疑似放电点,考虑一次绕组中心导杆外侧包裹的零屏电容屏对中心导杆起到了一个较为充分的屏蔽效应,导杆表面电场强度接近于零,即使存在尖端产生放电的可能性也不大,同时对包裹毛刺的电缆纸进行检查也未发现明显的放电或过热痕迹,因此认为导杆表面毛刺不是该次套管发生故障的主要原因。

对于 0.5 级测量二次绕组铁芯片上存在的放电和过热痕迹,分析认为是造成该次事件的主要原因。解体过程中可明显辨别出 0.5 级测量二次绕组存在较重的烧煳气味,提示该绕组存在故障缺陷,解体后发现其铁芯片确实存在放电和过热痕迹,而其余二次绕组未见该现象。铁芯过热等故障通常由于多点接地现象引起,但在解体过程中并未发现有明显的外部多点接地现象存在,因此考虑铁芯片自身质量等问题引起铁芯片间绝缘受损,导致铁芯涡流增大,引起发热故障。

综合考虑各相试验数据和解体检查情况,认为 0.5 级测量二次绕组铁芯片存在质量问题引起铁芯片间局部放电,进而使得铁芯片间短接,在涡流损耗增加的情况下导致低温发热是该次电流互感器色谱超标、膨胀器冲顶的主要原因;不能排除因厂家生产安装工艺不良或设备长时间运行导致器身螺栓、接头处存在裸金属局部放电引起故障的可能性。

5 经验体会

(1)对于充油设备而言,定期开展油中溶解气体分析对监测充油设备的运行状态,十分有效。一旦发现油中溶解气体数据存在异常,对不便于停电的设备,可以根据严重情况定期开展跟踪监测,从而及时反映故障发展程度,必要时安排停电检修,不仅可以有效检测设备运行状况,还可以减少因试验不准确而造成的无效停电。

(2)针对油绝缘设备要定期进行油中溶解气体气相色谱分析,建立设备安全档案,并可以根据油中溶解气体数据分析,先期对设备发生故障的可能性做出预估,从而为后期设备的停电检修提前制定好检修方案。气相色谱分析法测定油中溶解气体的组分含量,是判断运行中的充油设备是否存在潜伏性的过热、放电等故障,保障设备安全运行的有效手段。

（3）目前比较成熟且常态化开展的绝缘油气相色谱分析主要是针对主变压器的油中溶解气体分析和互感器的大型充油设备。建议设备停电例行检修，除了开展常规例行试验外，可以同时开展对充油设备的油样采集和油色谱分析，综合多种手段监测设备运行状况，从而及时有效的发现设备异常。

案例三十 110kV 电压互感器 SF$_6$ 微水测量严重超标异常检测分析

1 案例经过

110kV 某变电站 110kV 乙母线电压互感器为某变压器厂生产，型号为 JCC1M-110，绝缘介质为 SF$_6$ 气体，结构形式为电磁式，出厂序号分别为 1Y007-12、1Y007-23、1Y007-19，出厂日期为 2004 年 5 月，于 2005 年 10 月投运。2018 年 10 月 28 日 11 时左右，电气试验班对计划停电后的 2 号主变压器系统进行例行试验时发现，乙母线电压互感器的 SF$_6$ 微水测试结果均超过 1000μL/L，远大于电磁式电压互感器 SF$_6$ 气体湿度检测 500μL/L 的注意值。由于试验结果严重超标，工作人员查找了往年的微水测试记录进行数据的纵向对比。自运行以来，乙母线电压互感器共进行了三次停电例行试验，分别是 2005 年 10 月 14 日、2006 年 10 月 19 日及 2012 年 10 月 23 日。三相电压互感器微水测试值的历史数据均小于 250μL/L。

经试验确认后，变电检修室制定了故障消除方案，即更换三相电压互感器。10 月 28 日 14 时，JDQHX-110W2 型 SF$_6$ 互感器达到现场，变电检修一班工作人员持第一种工作票进行更换安装，16 时安装完毕。安装工作结束后，电气试验班对三相电压互感器进行绕组绝缘电阻、变流比极性、励磁特性、直流电阻、感应耐压、SF$_6$ 微水测量的交接试验。试验结果均符合要求。110kV 某变电站是某市的一座枢纽变电站，由于缺陷发现处理及时，避免了电压互感器微水超标运行可能造成的严重后果。

2 检测分析方法

（1）SF$_6$ 气体湿度检测（SF$_6$ 绝缘）发现问题。2018 年 10 月 28 日上午 11 时许，电气试验班采用 DP-206 型 SF$_6$ 微水测量仪对 110kV 某变电站 110kV 乙母线三相电压互感器进行气体湿度检测发现，三相测量值均大于 1000μL/L，远大于电磁式电压互感器 SF$_6$ 气体湿度检测 500μL/L 的注意值，与历史数据对比，增长显著，结果见表 30-1。

表 30-1　　　　　　　乙母线电压互感器测试结果　　　　　　　　μL/L

相序	2005 年 10 月 14 日	2006 年 10 月 19 日	2012 年 10 月 23 日	2018 年 10 月 28 日
A 相	55	72	68	1435
B 相	62	73	72	1328
C 相	58	66	64	1488

（2）缺陷情况及原因分析。查阅有关资料，引起 SF_6 气体微水含量超标的因素主要有 5 个，针对每一种可能的因素进行分析和排查，以确定导致微水含量超标的原因。

1）气体或再生气体本身含有水分。① 制气厂对新气检测不严格，生产的 SF_6 气体不合格；② 运输过程和存放环境不符合要求；③ 存储时间过长。这批 SF_6 电压互感器历次试验数据均符合规程要求（小于 250μL/L）。因此，排除此因素。

2）电压互感器充入 SF_6 气体时带进水分。电压互感器充气时，工作人员不按有关规程和检修工艺要求进行操作，如充气时气瓶未倒立放置，管路、接口不干燥，或装配时设备暴露在空气中的时间过长等，均会导致水分进入。经查看检修记录，该批电压互感器自投运以来未出现 SF_6 气压低的情况，所以也就没有进行过补气工作。因此，此因素也可排除。

3）设备组装时的元件含有水分。电压互感器投运后，设备固体元器件（包括外壳内表面、导体、绝缘体及传感器等）内部吸收少量水分，以及吸附于灭弧室等部件表面的少量水分（不可能彻底干燥）逐渐释放。该批电压互感器已经投入运行十几年，随着时间的推移，SF_6 气体内水分积少成多，有可能造成微水含量超标。

4）密封件密封不严，从密封圈及微孔向设备内部渗入水分。SF_6 电压互感器内的工作压力比外界高 5 倍，但外界的水分压力比内部高。例如，电压互感器的充气压力为 0.5MPa，SF_6 气体水分体积分数为 30μL/L，则设备内部水分压力为 $0.5 \times 30 \times 10^{-6} = 0.015 \times 10^{-3}$（MPa）；而外界环境温度为 20℃、相对湿度为 70% 时，水蒸气的饱和压力为 $2.38 \times 10^{-3} \times 0.7 = 1.666 \times 10^{-3}$（MPa），外界水分压力比内部高 $(1.666 \times 10^{-3}) / (0.015 \times 10^{-3}) \approx 111$（倍）。水分子呈 V 形结构，其等效分子直径仅为 0.7 倍 SF_6 分子直径，渗透力极强，在内外巨大压差的作用下，大气中的水分会逐渐通过密封件缝隙处渗入断路器的 SF_6 气体中。可见目前密封件的密封性虽然能保证 SF_6 气体不泄漏，但却不能保证水蒸气不侵入。因此，此因素有可能。

5）吸附剂饱和失效。吸附剂对 SF_6 气体中水分和各种主要的分解物都具有较好的吸附能力。该批电压互感器已运行十几年，吸附剂很可能已饱和失效，甚至已完全无吸附能力。因此，此因素也有可能。

3 故障处理情况

2018 年 10 月 28 日 12 时许，变电检修室立即制定并实施了相应的处理措施：该组电压互感器已经运行多年，密封件不严或失效的可能性非常大，鉴于当前仓库没有该系列互感器的密封件备件，同时考虑批准的检修期较短，某变电站为一座 110kV 枢纽变电站，负荷非常大，需要在检修结束后，快速恢复送电，确保周一（10 月 29 日）迎来的负荷高峰，决定采用直接更换整组电压互感器的处置方式。10 月

28 日 14 时，JDQHX-110W2 型 SF$_6$ 互感器达到现场，变电检修一班工作人员持第一种工作票进行更换安装，16 时安装完毕，如图 30-1 所示。

（a）   （b）

图 30-1 更换乙母线电压互感器

（a）电压互感器正在拆除；（b）待更换的电压互感器

随后，试验人员对三相电压互感器进行绕组绝缘电阻、变比极性、励磁特性、直流电阻、感应耐压、SF$_6$ 微水测量工作，测量结果见表 30-2～表 30-7。

表 30-2   乙母线电压互感器绝缘电阻测试结果

相位	A	B	C
一次绕组（MΩ）	10 000	10 000	10 000
二次绕组（MΩ）	10 000	10 000	10 000

表 30-3   乙母线电压互感器绕组变比极性测试结果

试验位置	二次绕组	变比误差（%）	极性
A	1a1n	0.02	减
	2a2n	0.03	
	dadn	0.04	
B	1a1n	0.05	减
	2a2n	0.06	
	dadn	0.06	

试验位置	二次绕组	变比误差（%）	极性
C	1a1n	0.05	减
	2a2n	0.05	
	dadn	0.04	

表 30-4　　　　　乙母线电压互感器励磁特性曲线测量结果

励磁电压（V）	相别		
	A（1a1n）	B（1a1n）	C（1a1n）
20%U_n（11.5V）	0.4	0.4	0.4
50%U_n（28.8V）	1.2	1.2	1.2
80%U_n（46.0V）	2.0	2.0	2.0
100%U_n（57.7V）	2.7	2.7	2.7
120%U_n（69.0V）	3.4	3.4	3.4
190%U_n（109.0V）	4.1	4.1	4.1

表 30-5　　　　　乙母线电压互感器直流电阻测量结果

绕组	相别		
	A	B	C
一次绕组（kΩ）	4.115	4.134	4.141

表 30-6　　　　　乙母线电压互感器感应耐压测量结果

试验位置	试验电压（kV）	试验时间（s）	试验结果
一次绕组对地	184	40	合格
二次绕组之间及末屏对地	2	60	合格

表 30-7　　　　　乙母线电压互感器微水测试结果

相位	相别		
	A	B	C
SF_6 微水含量（μL/L）	35	40	42

由表 30-2～表 30-7 可知，绕组绝缘电阻、变比极性、励磁特性、直流电阻、感应耐压、SF_6 微水测量结果均符合要求，表明更换后的电压互感器无隐患，可以投入运行。

4　经验体会

（1）母线电压互感器监视本母线的电压及绝缘状态，为保护、自动装置、仪表等设备提供电压回路，对于保障变电站设备的正常运行具有不可替代的作用。对于 SF_6 气体绝缘的电压互感器，进行 SF_6 气体湿度检测是一项重要的例行试验，对于发现其潜在隐患具有不可替代的作用。此次例行试验发现故障的典型特点是该组三相 SF_6 绝缘电压互感器均存在微水含量严重超标故障。该次因处理及时，并未造成严重后果，但目前某供电公司其他变电站内还有相当数量的 JCC1M－110 型 SF_6 绝缘电压互感器在网运行，且运行时间都存在密封件性能下降、吸附剂饱和等缺陷。为了从根本上消除安全隐患，提高供电可靠性和保证电网安全稳定运行，建议尽快对这些电压互感器进行大修或更换处理。

（2）在发现问题时，应逐项排查问题原因，各项目相互结合进行，需找问题点，并及时上报负责人，讨论处理措施。发现问题后，各班组应在现场负责人的安排下相互配合，迅速处理问题，保障电网正常供电。

案例三十一　220kV 电流互感器油色谱氢气异常检测分析

1　案例经过

220kV 某变电站 2 号主变压器 202 间隔电流互感器为某电气（集团）有限责任公司生产，型号为 LB7-220W，属于充油型电流互感器，该电流互感器于 1997 年 10 月出厂，1998 年 6 月投运。

2018 年 5 月 25 日，220kV 某变电站变电运检室电气试验班开展带电检测工作中，发现 2 号主变压器 202 间隔 A 相电流互感器底部有油迹，检测人员及时汇报变电运检室相关领导并上报隐患缺陷。

2018 年 5 月 26 日，220kV 某变电站变电运检室电气试验班工作人员对 2 号主变压器 202 间隔电流互感器取油样进行油色谱分析。发现 2 号主变压器 202 间隔 A 相电流互感器油色谱氢气超过规程规定的注意值。经判断，数据异常原因为电流互感器绝缘油老化存在低能量密度局部放电现象。经工区决定，更换电流互感器。

2018 年 5 月 27 日由变电检修二班办理第一种工作票，220kV 某变电站 2 号主变压器 202 间隔 A 相电流互感器停电更换。

2　检测分析方法

2018 年 5 月 26 日，220kV 某变电站电气试验班对 2 号主变压器 202 间隔电流互感器取油样进行油色谱分析时，发现 2 号主变压器 202 间隔 A 相电流互感器油色谱氢气超过规程规定的注意值，如图 31-1 和表 31-1 所示。

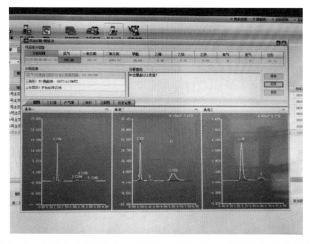

图 31-1　2 号主变压器 202 间隔 A 相电流互感器油色谱分析结果

表 31-1　　　　　　　　　　　　油 中 溶 解 气 体 数 据

变电站	某站	设备名称	2 号主变压器 202 间隔 A 相电流互感器	电压等级（kV）	220kV
分析结果（μL/L）					
氢气（H$_2$）	190.09	微水	—	一氧化碳（CO）	188.21
二氧化碳（CO$_2$）	1653.97	甲烷（CH$_4$）	31.64	乙烯（C$_2$H$_4$）	5.35
乙烷（C$_2$H$_4$）	8.26	乙炔（C$_2$H$_2$）	0.48	总烃（C$_1$+C$_2$）	45.73
分析仪器	ZF-301 型中分色谱分析仪				

依据《国家电网有限公司变电检测管理规定（试行）第 15 分册 油中溶解气体检测细则》试验判断标准：电流互感器油中溶解气体乙炔≤2μL/L［110（66）kV］、乙炔≤1μL/L（220kV 及以上），氢气≤150μL/L，总烃≤100μL/L。可知，220kV 某变电站 2 号主变压器 202 间隔 A 相电流互感器油中溶解氢气为 190.09μL/L＞150μL/L，数据超标。

试验人员采用改良三比值法对试验数据进行分析，见表 31-2。

表 31-2　　　　　　　　油中溶解气体三比值法判断故障

编码组合			故障类型判断	故障事例（参考）
C$_2$H$_2$/C$_2$H$_4$	CH$_4$/C$_2$H$_4$	C$_2$H$_4$/C$_2$H$_6$		
0		1	低温过热（低于 150℃）	绝缘导线过热，注意 CO 和 CO$_2$ 的含量及 CO$_2$/CO 值
	2	0	低温过热（150～300℃）	分接开关接触不良，引线夹件螺栓松动或接头焊接不良，涡流引起铜过热、铁芯漏磁、局部短路、层间绝缘不良、铁芯多点接地等
		1	中温过热（300～700℃）	
	0, 1, 2	2	高温过热（高于 700℃）	
	1	0	局部放电	高湿度、高含气量引起油中低能量密度的局部放电
2	0, 1		低能放电	引线对电位未固定的部件之间连续火花放电，分接抽头引线和油隙闪络，不同电位之间的油中火花放电或悬浮电位之间的火花放电等
	2	0, 1, 2	低能放电兼过热	
1	0, 1		电弧放电	绕组匝间、层间短路，相间闪络，分接头引线间油隙闪络，引线对箱壳放电、绕组熔断、分接开关飞弧，因环路电流引起电弧、引线对其他接地体放电等
	2		电弧放电兼过热	

注　1. 在互感器中 CH$_4$/H$_2$＜0.2 时，为局部放电。

2. 0，0，0 编码表示正常老化，但在互感器中 CH$_4$/H$_2$＝31.64/190.09＝0.17＜0.2，说明设备存在局部放电。

2018 年 5 月 27 日由变电检修二班办理第一种工作票，220kV 某变电站 2 号主变压器 202 间隔 A 相电流互感器停电更换，经检查该电流互感器存在漏油迹象，如图 31−2 所示。

图 31−2　2 号主变压器 202 间隔 A 相电流互感器注油口漏油

试验人员使用介质损耗测试仪对 220kV 某变电站 2 号主变压器 202 间隔 A 相电流互感器进行电容量及介质损耗因数测试，测试结果：电容量为 332.9pF、介质损耗因数 $\tan\delta$ 为 0.909%。测试情况见表 31−3 和图 31−3。

表 31-3　2 号主变压器 202 间隔 A 相电流互感器电容量及介质测试数据

试验仪器	介质损耗测试仪		
测试时间	2018 年 5 月 27 日		
A 相	tanδ 实测值（%）	tanδ 初值（%）	tanδ 初值差（%）
	0.909	0.625	45.4
	电容量实测值（pF）	电容量初值（pF）	电容量初值差（%）
	332.9	836.3	−60.19

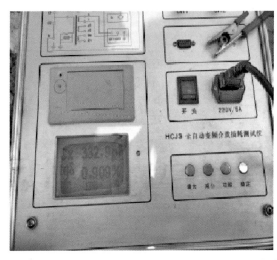

图 31-3　2 号主变压器 202 间隔 A 相电流互感器电容量及介质损耗因数（异常）

依据《国家电网有限公司变电检测管理规定（试行）第 24 分册。电容量和介质损耗因数试验细则》试验判断标准：电流互感器电容量初值差不超过 ±5%（警示值）、介质损耗因数 tanδ 不大于 0.8%。可知，220kV 某变电站 2 号主变压器 202 间隔 A 相电流互感器电容量初值差远超过 ±5%、介质损耗因数 tanδ＝0.909%＞0.8%，表明该电流互感器绝缘性能变差。

考虑该电流互感器运行年限较长，且判断其绝缘油已老化存在低能量密度局部放电现象。若迎峰度夏期间负荷高速增长，可能导致该电流互感器绝缘油裂化，造成绝缘击穿或油分解气体压力过大引起爆炸等影响电气设备正常运行的不良后果。

试验人员立即向工区领导汇报，根据设备运行年限及设备运行状况，检修方案定为更换新的电流互感器。

3　隐患处理情况

2018 年 5 月 27 日由变电检修二班办理第一种工作票，220kV 某变电站 2 号主变压器 220kV 侧 A 相电流互感器停电更换，工作于 9 时 30 分开始，如图 31−4～图 31−7 所示。

图 31−4　当日开工照

图 31−5　更换吊装过程

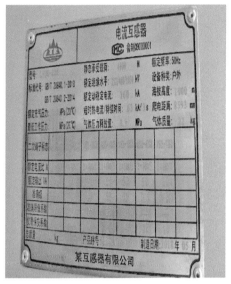

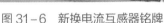

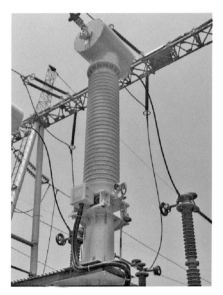

图 31-6　新换电流互感器铭牌　　　　　图 31-7　更换后

依据《国家电网有限公司变电验收管理规定（试行）第 6 分册　电流互感器验收细则》，电气试验班工作人员对新换电流互感器进行交接试验后得出结论，交接试验通过，可以投运。

4　经验体会

（1）通过该次检测，成功处理一起潜伏性故障，检测结果也验证了油色谱分析对故障的正确判定，为以后处理类似故障类型积累了经验。

（2）油浸式设备电容量及介质损耗因数异常，往往表明绝缘油油质发生变化，严重时会造成绝缘击穿或油分解气体压力过大引起爆炸等影响电气设备正常运行的不良后果。工作人员应严格按照设备例行试验周期对电气设备的运行工况做出准确评定。

（3）红外测温技术能够检测出漏油、少油等异常状况，检测人员应通过多次测试对比及时发现类似异常。平时运行检修工作中应继续利用新型技术手段进行设备检测，防范事故发生、发展。

案例三十二 220kV 电流互感器绝缘缺陷检测分析

1 案例经过

某供电公司 220kV 某变电站 220kV 某线电流互感器为充油型，厂家为某变压器责任有限公司，型号为 LCWB7－220W3，出厂时间为 2003 年 10 月。2015 年 10 月 8 日，班组工作人员对 220kV 某变电站进行油样色谱分析试验，发现 220kV 某线 212 电流互感器三相氢均超标，A 相含微量乙炔。试验结果出来后某供电公司变电检修五班赴现场进行勘察，发现该电流互感器取油阀引出管部位存在渗漏情况，怀疑铁件锈蚀造成电流互感器内进入空气，降低电流互感器绝缘性能，需停电检修。2015 年 10 月 29～30 日对该组电流互感器进行停电更换。对更换下的电流互感器进行解体发现，器身取油阀引出管防锈蚀措施不当，设备进水受潮，器身内部锈蚀，导致色谱检测氢气含量超过注意值。

2 检测分析方法

（1）油样色谱分析试验。2015 年 10 月 8 日对某线电流互感器进行带电取油样，油样色谱分析试验结果见表 32－1。

表 32－1　　　　更换前电流互感器油样色谱分析试验结果

本体绝缘油中溶解气体分析（μL/L）	相别		
	A	B	C
H_2	435	253	167
CO	868	553	502
CO_2	3600	2463	1991
CH_4	46	46	35.76
C_2H_4	4.8	4.04	3.39
C_2H_6	10.7	9.1	9.59
C_2H_2	0.39	0	0
总烃	61.89	59.14	48.74

由表 32－1 可知，某线电流互感器油样色谱分析试验不合格。A、B、C 三相氢气均超标（氢注意值为 150μL/L），A 相含有微量乙炔但是在合格范围内。针对上述试验数据考虑电流互感器进水受潮或油中气泡导致氢气含量高。

（2）现场检查。变电检修班工作人员接到通知后到达现场，对设备情况进行勘察。通过观察能够明显看到220kV某线212电流互感器A相取油阀处存在渗油情况，如图32-1所示，B、C相无明显渗漏情况。现场检修人员建议对该组电流互感器进行整体更换。

图32-1　220kV某线电流互感器渗油情况

3　隐患处理情况

2015年10月29日，根据公司停电计划，对220kV某变电站220kV某线电流互感器进行整组更换。

在对拆下的212电流互感器检查时发现，放油管路内垫圈老化，造成局部进水受潮，放油管路锈蚀老化，油色谱检测氢气含量超过注意值，降低了设备的整体绝缘性能。

10月30日，完成新电流互感器更换安装。10月30日下午，对新电流互感器进行油务及电气试验，试验结果表明设备无异常。

设备更换后进行试验，油试验结果合格，油务试验结果见表32-2。电气试验结果合格，试验数据见表32-3。

表32-2　　　　　　　　更换后电流互感器油试验结果

相别	A	B	C
电压等级	交流220kV		
出厂日期	2015年2月28日		
型号	LCWB7-220W3		
本体绝缘油中溶解气体分析（μL/L）	A	B	C
H_2	30	9	37

续表

CO	235	339	315
CO_2	711	354	1013
CH_4	61.27	49.6	69.78
C_2H_4	0.46	0.57	1.22
C_2H_6	1.75	1.87	2.2
C_2H_2	0	0	0
总烃	63.48	52.04	73.20

由表 32-2 可知，更换后电流互感器油务试验合格（氢气注意值为 $150\mu L/L$）。

表 32-3　　　　　　　　更换后电流互感器电气试验报告

介质损耗因数及电容量测量	接线方式	试验电压（kV）	$\tan\delta$实测值（%）	$\tan\delta$初值（%）	$\tan\delta$初值差（%）	电容量实测值（pF）	电容量初值（pF）	电容量初值差（%）
C	正接线	10	0.377	0.377 0	0	973.2	973.2	0
B	正接线	10	0.284	0.284 0	0	985.3	985.3	0
A	正接线	10	0.281	0.281 0	0	963.4	963.4	0

绕组和末屏绝缘电阻	C			B			A		
	实测值	初值	初值差（%）	实测值	初值	初值差（%）	实测值	初值	初值差（%）
一次对地及其他（MΩ）	10 000	10 000	0	10 000	10 000	0	10 000	10 000	0
末屏对地绝缘电阻（MΩ）	10 000	10 000	0	10 000	10 000	—	10 000	10 000	0

4　经验体会

（1）油中溶解气体色谱分析对诊断电流互感器的异常和缺陷具有非常重要的作用，要高度重视乙炔的含量，因为乙炔是反映放电性故障的主要指标。对于出现乙炔含量超标或增长较快的互感器，应及时停电进行相应的检测处理，及早消除隐患，保障电网的安全稳定运行。油浸正立式电流互感器应按照 Q/GDW 1168—2013《输变电设备状态检修试验规程》周期要求开展油中溶解气体分析检测工作，对检测结果出现异常的设备，应跟踪与分析，紧密关注特征气体含量发展趋势。

（2）从管理上强化技术监督手段，对 35kV 及以上充油设备规范开展带电检测工作。对运行时间长的充油设备，缩短试验周期。

（3）从技术上加强对充油设备的交接验收工作，加强异常设备的带电检测跟踪工作，并按周期进行检测，防止其他设备类似故障再次发生。

（4）加强对设备防腐工作的监督和管理，完善设备防腐工艺，保障设备安全稳定运行。